弱者の戦略

稲垣栄洋

新潮選書

まえがき

「ビジネス戦略」や「人生戦略」というように、私たちは「戦略（Strategy）」という言葉をよく使う。しかし、「戦略」という言葉は、人間社会だけのものではない。

生物学の世界でも「戦略」という用語はよく用いられる。知力に優れた人間ならまだしも、生物の世界に「戦略」などあるのだろうか、そう思われる方もいるだろう。

知力に劣るはずの生物たちだが、その戦略には目を見張るものがある。

自然界は厳しい。無策で生き抜けるような生ぬるいものではないのだ。この世に生きとし生けるすべてのものは、戦略を駆使して厳しい自然界を生き抜いている。


自然界は「弱肉強食」である。

強い者だけが生き残り、弱い者は滅びゆく。それが自然の厳しい掟である。それでは、弱い者は本当に滅びゆくしかないのだろうか？

自然界では、さまざまな生き物たちが、さまざまな生き方をしている。しかし自然界を見渡してみると、強い者ばかりが生き残っているかというと、そうでもないのが面白いところだ。

たとえば、シマウマは日々、ライオンに追われて食べられているが、シマウマが滅びてしまうかというと、そんなことはない。

あるいはダンゴムシや、ナメクジやゴミムシなど、世の中には他愛もないと思われている生き物がたくさんいるが、これらの生き物は、どうひいき目にみても強そうには見えない。しかし、そんな彼らも立派に自然界を生き抜いている。

群れの中には強いボスもいれば、弱く小さなオスもいる。しかし、ボスだけが子孫を残しているかというとそんなことはない。「小さく弱い」という遺伝子も、しっかりと次の世代に引き継がれているのだ。

自然界では強い者だけが生き残るはずなのに、どうしてたくさんの弱い生き物たちが、自然を謳歌しているのだろうか。これが本書の重要なテーマである。

人間は知恵があり戦略好きに見えるが、ともすれば、「弱い者でも、強い者の何倍も努力すれば、勝つことができる」と単純に考えてしまいがちである。しかし、生き物の世界は、「歯を食いしばって頑張れば何とかなる」といった甘い考えは通用しない。

弱いように見える生き物たちが厳しい自然界を生き抜いているのには、それなりの理由がある。何気なく生きているように見える彼らだが、弱者には弱者の生存戦略があるのだ。

本書では、そんな生物の「弱者の戦略」を紹介したいと思う。
生物の弱者の戦略には、ときに目を見張る。まるで弱者であることこそが、戦略的な強みであるかのように思えるほどだ。

世の中は激しい競争社会である。圧倒的に競争に強い人間や会社であれば良いが、そうでない多くの人間や会社にとっては生きづらい。だからこそ、自然界をたくましくしたたかに生き抜く「弱者の戦略」は、私たちに多くのヒントを与えてくれることだろう。

私たち人間は、頭が良すぎるのだろうか。ときに迷い、ときに悩む。そして考えすぎたあげく結局は間違えた道を選ぶことが少なくない。それに比べて、私たちよりずっと下等に思える生物は、その生き方を見れば確かな答えを持っている。

激しい競争が繰り広げられる自然界では、敗者は滅びゆくのみである。今、私たちのまわりにいるすべての生き物たちは、自然界を生き抜いているという点で、どれもが「成功者」である。
彼らは試行錯誤の末に、生き残り戦略を発達させている。その「弱者の戦略」の確かさは、彼らが生き残っていることで、すでに折り紙つきなのである。強い者が勝つわけではない。強者のマネをする必要はないのだ。

「弱さ」という武器を持つあなたに、本書が少しでも役に立てれば幸いである。

目次　弱者の戦略

イラスト　木村政司

弱者の戦略

第一章　生き物にとって強さとは何か？

ライオンとシマウマはどっちが強い

そもそも、生き物にとって「強さ」とはいったい何だろうか。

どうも、自然界で生き残る強さというのは、私たち人間がイメージする「強さ」とは、少し異なるようだ。私たちが強いと思いこんでいる生き物が、じつは弱かったり、弱いと思っている生き物が、じつは強かったりするから面白い。

まずは、私たちが「強い」と思っている生き物と、「弱い」と思っている生き物の真の姿を見てみることにしよう。

ライオンは、百獣の王である。恐ろしい牙、鋭い爪、どんな動物をも震え上がらせるうなり声。まさに最強の生物と言っていいだろう。

ところが、ライオンに食べ尽くされてシマウマが滅びてしまったという話は聞かない。むしろ、絶滅が心配されているのはライオンの方である。どうして、食べられているはずのシマウマよりも、食べているはずのライオンの方が絶滅の危機にあるのだろうか。

【図1】 食物連鎖のピラミッド。頂点にいる強者は、一方で無数の弱者がいないと生存できないか弱き者なのである。

食う食われるの関係を「食物連鎖」という。植物を食べる草食動物がいて、その草食動物を食べる肉食動物がいる。さらに強い生き物が、肉食動物を食べる。自然界はこのような関係で成り立っている。

シマウマとライオンの関係では、肉食動物はライオンだけだが、通常は肉食動物を食べる肉食動物もいて食物連鎖がつながっていることが多い。たとえば、植物を食べるバッタがいて、バッタを食べる肉食のカマキリがいて、カマキリを食べる肉食のスズメがいて、スズメを食べるタカがいる、というようにより強い者が弱い者を食べて食物連鎖がつながっていくのである。こうしてできあがるのが「食物連鎖のピラミッド」と呼ばれるものである【図1】。

ピラミッドの底辺の生物ほど数が多く、頂

点にいくほど数が少ない。たとえば、タカが一〇羽のスズメを食べ、スズメが一〇匹のカマキリを食べ、カマキリが一〇匹のバッタを食べているとすると、一羽のタカが生きていくためには一〇×一〇×一〇で一〇〇〇匹のバッタが必要になる。つまりタカは、バッタが一〇〇〇匹いなければ、生きていくことができない存在なのである。タカの生命はバッタに依存した、か弱いものなのだ。

同じように、百獣の王を誇るライオンも、エサとなるシマウマのような草食動物が少なくなると生存することができない、か弱い生き物である。

絶滅が心配されるほど減っている生物を絶滅危惧種という。じつは、コンドルや、シベリアトラ、ヨーロッパオオカミなど、強いと言われる猛禽類や猛獣の多くが、今や絶滅危惧種に名を連ねている。

生物にとって「強さ」とは何か？　それはするどいキバやとがったツメを持つことではない。生き残ることができなければ、それは強さとは言えないのだ。

蟻んこは強い？

昆虫の世界に目を向けてみよう。昆虫の世界でもっとも強い虫は、何だろうか？

鎌ですばやく獲物を捉えるカマキリか？　巨大な角を持ったヘラクレスオオカブトムシだろう

か？　はたまた、鋭い針を持ったスズメバチか？

意外なことに、昆虫界でもっとも強いとされているのは、アリである。

そう言われても、にわかには信じられないかも知れない。何しろ人間は、アリを「蟻んこ」と呼んで下に見ている。子どもの頃に、アリを踏みつぶしたり、砂に埋めたり、アリの巣に水を入れたり、とさんざん残酷な悪さをした思い出を持つ方も少なくないだろう。

しかし実際には、多くの昆虫はアリを恐れているのだ。

アリは集団で襲いかかるので、どんなに強い昆虫もひとたまりもない。獰猛な肉食のカマキリやキリギリスが、まだ生きているうちにアリに襲われて、運ばれていくようすを見掛けたことはないだろうか。

人間が恐れるハチさえも、アリを恐れている。ハチの巣は、木の枝についている基の部分が細くなっている。これは、アリに巣を襲われないためといわれている。ハチは、この細い支柱にアリが嫌がる物質を塗りつけて、アリの襲撃に備えているのである。

生物にとって「強さ」とは何か？　それはけっして大きさでも力の強さでもないのである。

戦国武将が強さを感じたもの

日本の家紋によく使われる十大紋は「鷹の羽、橘、柏、藤、おもだか、茗荷、桐、蔦、木瓜、かたばみ」であるとされている。

このうち鷹の羽を除く九つは、すべて植物である。日本の家紋は植物をモチーフとしたものが多い。

一方、ヨーロッパの紋章を見ると、獅子や鷲、ユニコーンなど、いかにも強そうな動物が居並んでいる【図2】。日本にも強そうな生き物はいそうなものなのに、日本人は、どういうわけか食物連鎖の底辺にある植物をシンボルとしているのである。

【図2】 獅子やユニコーン（一角獣）などいかにも強そうな生き物が描かれているヨーロッパの紋章。

見るからに強そうな生き物ではなく、何事にも動じず静かに凜と立つ植物に日本人は強さを感じた。そして、自らの紋章として選んだのである。

不思議なことに、十大紋のうち、「おもだか紋」と「かたばみ紋」は雑草である【図3】。特に戦国時代に活躍した勇猛な武将は、雑草の家紋を好んだ。オモダカは田んぼに生えるしつこい雑草である。ところが武将は、この雑草を「勝ち草」と呼んで尊んだのである。また、カタバミも畑や道端に生える小さな雑草に過ぎない。どうして、戦国武将は、雑草を家紋に選んだのだろうか。

田んぼや畑の雑草は、抜いても抜いても生えてきて、どんどん広がっていく。戦国武将はこの

【図3】 日本の家紋には食物連鎖の底辺にある植物が描かれている。おもだか紋（右）とかたばみ紋（左）は雑草。

しぶとさに子孫繁栄の願いを重ねたのである。戦国武将にとって、もっとも大切なのは、生き残って家を存続させていくことである。百戦錬磨の猛者たちは、田畑の小さな雑草にそんな強さを見出していたのである。

雑草は強くない

よく「雑草のようにたくましく」という言い方をする。抜いても抜いても生えてくる雑草には、強い植物というイメージがある。ところが、植物の世界では雑草は強い植物であるとはされていない。むしろ、雑草は「弱い植物である」と言われている。

これは、どういうことなのだろうか。

植物は、光や水を奪い合い、生育場所を争って、激しく競争を繰り広げている。雑草はそのような植物間の競争に弱い。そのため、たくさんの植物が生い茂るような深い森の中には、雑草と呼ばれる植物群は生えることができないのである。

そこで雑草は、他の植物が生えることのできないような場所を選んで生息している。それが、よく踏まれる道ばたや、草取りが頻繁に行われる畑の中だったのである。

庭の草むしりに悩まされている方も多いだろう。残念ながら抜いても抜いても生えてくる雑草を完全に防ぐ方法はない。ただ雑草をなくす唯一の方法があるとすれば、それは「草取りをやめること」であると言われている。

草取りをしなくなれば、競争に強い植物が次々と芽を出して、やがて雑草を駆逐してしまう。そのため、草取りをやめれば、雑草と呼ばれる植物はなくなってしまうのである。もっとも、雑草がなくなった代わりに、そこには大きな植物が生い茂って群雄割拠の深い藪になってしまうから、もっとやっかいである。

私たちは、雑草は強いと思う。しかし、実際には草取りをされるような不人気な場所でなければ生きることのできない弱い植物だったのである。

弱い生物の三つの戦い

このように、自然界における「強さ」「弱さ」は私たちが思い描くような単純なものではない。次章以降は大きく次の三つの点から「弱者の戦略」を論じたいと思う。

一つは、食う食われるの関係である。

弱肉強食というように、弱い者は強い者に食べられてしまう。しかし、見方を変えれば、食われるものがいなくなれば、食う方も滅んでしまうから、食う方も食われる方に依存している弱い存在であるとも言える。

とはいえ、食われてしまっては元も子もないから、襲い来る捕食者の攻撃から逃れなければならない。そんな危険から逃れる術が、一つ目の弱者の戦略である。

二つ目は、他の生物との競争関係である。

エサや生息場所を奪い合って、生物は熾烈な争いを繰り広げる。これは「種間競争」と呼ばれる。じつは、捕食者に食べられるよりも、この生活の場をめぐる種間競争の方が、自然界では、もっとも激しい戦いである。

何しろ、この争いでは、敗れたものは滅んでしまう。まさに生き残りをかけた厳しい戦いなのである。強くなければ生き残れないという掟の中で、弱者がいかに生き残るかというのが、二番目の弱者の戦略である。

三つ目は同じ種類の中での覇権争いである。

別の種類の生き物どうしの競争を種間競争というのに対して、同じ種類の生き物どうしが競い合うことを「種内競争」という。同じ種類の中でも強い者もいれば、弱い者もいる。強い者は有利にエサ場を確保し、メスを獲得することができる。では、弱い者はどのように振る舞えば良いのだろうか。そんな同胞の中での振る舞いが、三番目の弱者の戦略である。

「強さ」とは何か？　それは、けっして他者を打ち負かすことではないのである。

生物にとって、もっとも重要なことは何か。言うまでもなくそれは、生き残ることである。

弱肉強食とはいっても、どんなに弱い者の肉を食らって勝ち誇ったところで、滅んでしまったのでは何もならない。結局のところ、「強い生き物が生き残る」のではなく、「生き残ったものが強い」のだ。

サッカーの名プレーヤーで、「ドイツの皇帝」といわれたベッケンバウワーが、かつてこんな言葉を残している。

「強いものが勝つんじゃない。勝ったものが強いのだ」

まさしく、その通りである。

それでは、生物たちの生き残りをかけた「弱者の戦略」を見ていくことにしよう。

第二章　食われる者の食われない戦略

一、群れる

弱いやつほどよく群れる

よく「弱いやつほど群れたがる」と言われる。確かに弱い生き物は群れを作る。小さなイワシは、群れで泳いで大きな魚から身を守るし、シマウマもライオンを恐れて群れている。

しかし、群れているということは、それだけ肉食動物にとっては見つけやすいということでもある。また、獲物が集まっているということは、肉食動物にとっては何とも魅力的な話だ。群れると、ただ、襲われやすくなり、食べられ放題になってしまうだけのように見える。どうして、そんな行動をわざわざするのだろうか?

天敵に対する対抗手段として、生物が群れを作るのには、いくつかの理由がある。

一つには、天敵に対する警戒能力が高まることがある。一頭で警戒しているよりも、たくさんの仲間で警戒する方が、天敵を見つけやすい。一頭で草を食べていれば、天敵に狙われやすいが、

【図4】　サバンナでは、天敵に対抗するため異なる種類の動物が群れを作っている。キリンは遠方を見られて、ガゼルは音に敏感だ。

草を食べていない仲間が警戒していれば、夢中になって草を食べることができるだろう。

サバンナでは、シマウマだけでなく、ガゼルやキリンなど、異なる種類の動物が集まって群れを成している【図4】。首の長いキリンは遠くを見渡すことができる。その代わりに、遠くばかり見ているキリンは、シマウマのように近くはなかなか見えないだろう。あるいは、ガゼルは音に敏感で、いち早く物音に気が付くことができる。

そして群れの中の一頭でも危険を察知して逃げ始めれば、群れ全体が一斉に逃げ始める。こうして、さまざまな能力を持つものが集まることによって、天敵に対抗しているのである。つまりは、異能集団のチームとなっているのだ。

一方、群れることによって、自分が襲われるリスクが減るというメリットもある。たとえ群れが襲われたとしても、たくさんの仲間がいるので、天敵に狙われにくくなるのだ。ライオンに群れが襲われたといっても、餌食になるのは一頭だけである。一頭しかいなければ、どこまでも狙われるのは、自分だけであるが、群れの中に紛れていれば、その中で自分がターゲットになる確率は低い。これは「希釈効果」と呼ばれている。

自分より足の遅い仲間がいれば、自分は逃げ切ることができる。また、足の遅いシマウマにとっても、一斉に逃げていれば、自分が狙われる可能性は低い。運が悪ければ獲物になってしまうが、群れが大きければ大きいほど、貧乏くじを引くリスクは低いのである。

●コラム1　烏合の衆の戦略

規律もなく、ただ役立たずが集まったようすは「烏合の衆」と呼ばれる。「烏合」というのは、カラスの群れのことである。カラスは集まっても、まとまりもなく、ただうるさいだけであることから「烏合の衆」と呼ばれるのである。

しかしカラスは、人間のようにただ何の目的もなく集まっているわけではない。実際にはカラスは、縄張りを持ち、群れを作らずに単独で行動する。

ただし、若いときには、カラスは群れで行動する。まだ一人前ではない若い鳥は、群れで行動することにより、猛禽類などの天敵から逃れたり、仲間と力を合わせて効率よくエサ探しをするのである。

また、成鳥も繁殖期以外は、夜には集団でねぐらを作る。カラスにとって、夜はもっとも無防備な時間帯である。そのため、大きな群れを作って、タカやフクロウから身を守るのである。しかも、カラスはねぐらに行く前に、まず集まって群れを作る。こうして、すぐにねぐらに行くのではなく、その周辺が安全かどうかを確認してから、移動するのである。

カラスは情報伝達能力に優れており、鳴きながら情報交換をしているということがわかっている。烏合の衆と揶揄されるカラスの群れにも、じつは、ちゃんとした目的があるのである。

イワシが群れる理由

イワシの群れはどうだろう。

イワシも、何万匹という大きな群れを作って暮らしている。

最近では水族館などでも、イワシの巨大な群れを見ることができるようになった。右へ左へと一斉に動く「いわし玉」は壮観だし、エサを与えたときに群れ全体が渦を巻くような「イワシのトルネード」も水族館の目玉になっている。

もっとも、水族館の水槽ではイワシはだんだんと群れなくなってくるらしい。天敵がいないため、油断してくるというのだ。ということは、イワシは何となく集まっているわけではなく、間

【図5】 小魚が群れになって動いていると、天敵は目標を定めにくい。一斉に動けば大きな生物にも見える。

違いなく天敵に対抗するために、努めて群れを作っているのである。

テレビなどでは、小さな魚のまわりを、獲物を狙った大きな魚が泳ぎまわっているようすをよく見かける。しかし、どうだろう。大きな魚が小魚の群れの中に突入すれば、小さな魚は食べられ放題になってしまうのではないだろうか。

小魚が群れて一斉に泳ぐと、あたかも大きな生物が動いているように見える。これが小さな魚が群れを作る効果の一つである。また、群れとなって動いていると、天敵が目標を定めにくい。やみくもに襲っても、獲物を捕らえることはできないのだ【図5】。

確かに、大きな魚は群れに突入することはなく、群れから離れた小魚を捕らえて食べている。小さな魚が一斉に動くのは、大きな魚も怖いのだろう。

また、シマウマの例と同じように、小さな魚が集まって警戒することで、一匹でいるよりも、天敵を見つけやすくなる。さらに、天敵だけでなく、エサを見つけやすくなるという効果もある。

このように、群れを作ることで、得られる情報量が多くなり、リスクを回避したり、メリットを得やすくなるのである。

●コラム2　「鰯」を、魚へんに弱いと書く理由

「鰯（イワシ）」という字は、魚へんに弱いと書く。これは、イワシは鱗がはがれやすく陸揚げした後に傷みやすいことに由来している。そもそも「イワシ」という名前も「よわし」が転訛したとも言われている。小さなイワシはさまざまな魚のエサになる。海の中の世界でも、字のとおり弱い存在と言えるだろう。

しかし、そんな弱い存在のイワシにも身を守る戦略がある。

じつは、漢字の由来となった鱗がはがれやすいこともイワシの戦略の一つである。大きな魚に襲われたときには、キラキラとした鱗が取れる。この鱗に敵が気を取られているうちに、逃げるのである。

ちなみに「鰺（アジ）」という漢字は、アジが群れて集まることから、魚へんに「参」と書くとも言われている。アジもまた、敵から身を守るために群れを作る弱い魚である。

青魚や光物と言われるイワシやアジは、背中が青くキラキラとしている。これは、天敵である海鳥が空から見たときに、海の青に溶け込むような色合いになっているのである。

逆に、海の底から天敵の大型の魚やイルカなどが下から見たときには、まぶしい太陽の光で白んだ海面に映る空の白色に溶け込むように、腹側が白くなっている。

イワシやアジの背中が青く、腹側が白いのは、天敵から身を守るための保護色なのである。

強いやつも群れる

食べられる側の弱い生き物は、群れて身を守る。これに対して、それを捕食する肉食動物は単独行動をすることが多い。仲間と狩りをすれば獲物を分けなければならないが、一匹で狩りをすれば、それだけたくさんの獲物を食べることができるからである。

それでは、強い生き物は群れないのかというとそんなことはない。たとえば、オオカミは群れで行動をする。

オオカミは確かに強い生き物である。また、オオカミは単独でも獲物を獲ることはできる。しかし、どんなに強いオオカミも、獲物を見つけられなければ生きていくことができない。

オオカミは、獲物を確保するために、縄張りを持つが、群れを作れば、それだけ広い縄張りを持つことができる。広い縄張りであるほど、獲物を見つけるチャンスが大きくなるから、オオカミにとっては競い合って縄張りを奪い合うよりも、群れて広い縄張りを持つことが必要なのである。

オオカミばかりではない。じつは百獣の王と称えられるライオンさえも、群れを作る。ライオンは、十頭前後のメスと、一、二頭のオスからなる群れを作る。どうして、ライオンのように強い生き物が群れを作らなければならないのだろうか。

ライオンが住むサバンナには、ハイエナがいる。ハイエナは、ライオンの食べ残した余りものをあさるイメージが強いが、実際には群れで獲物を捕まえる。そして、ときにはライオンから獲物を奪い取ってしまうこともあるのである。

ライオンとハイエナは、ライオンの方が強いが、ハイエナが集団で迫ってくれば、ライオンの方が逃げ出してしまうこともある。ライオンが群れを作る理由は明確ではないが、一つにはハイエナに対抗するためであるとも言われている。

また、ライオンの獲物であるシマウマやヌーなどの草食動物もまた群れを作る。群れをなしている草食動物は、ライオンが近づくといち早く見張りが察知して逃げ出してしまう。そのため、単独で狩りをするよりも、集団で狩りをする方が、百獣の王にとっても効率の良い方法なのである。

弱い者が群れればそれに対抗するために強い者も群れなければならない。「弱いやつほど群れたがる」と言われる。しかし生物にとって「群れ」とは機能的なチームなのである。

二、逃げる

三十六計逃げるに如かず

「群れる」という戦略は、弱者の戦略として極めて有効である。

しかし、群れることにはデメリットもある。たとえば、単独で行動していればエサを独り占めすることができるが、群れで行動する場合、エサが豊富になければ、エサのとりあいになってしまう。

また、群れを作ることは、ある条件を前提としている。それは、群れが天敵に見つかっても食べきられることがないということである。

群れていれば、天敵に襲われても、一匹が襲われている間に他の仲間が逃げることができる。あるいは、何匹か食べられれば、天敵がお腹いっぱいになってしまう。そのため、群れることで多くの仲間が身を守ることができるのである。

ところが、もし捕食者があまりに強大で、いくらでも食べることができるということになると話が変わってきてしまう。群れているだけでは、一網打尽にされてしまうので、群れることが必ずしも良いとは限らないのである。

それでは群れることのできない弱い生き物が、強い者から逃れる手段には、どんなものがあるだろうか？

そのもっとも有効な手段が「逃げ隠れ」することである。

「逃げ隠れ」するというのは、何とも情けないような気もするが、そんなことはない。「逃げたり、隠れたりする」ことは、弱い生物にとって、とても重要な戦略なのである。

「三十六計逃げるに如かず」という故事もある。中国で兵法をまとめた「三十六計」よりも、勝ち目がないときは、まずは逃げて身を守ることが先決という意味だ。そういえば「逃げるが勝ち」という諺もあった。それでは生き物たちは、どのように捕食者から逃げているのだろうか。

チーターから逃れる方法

動物の中でもっとも走るスピードが速いのがチーターである。チーターの走る速度は、時速一〇〇キロメートルを上回るというから、驚くべきスピードだ。一方、獲物となるガゼルのスピードは、時速七〇キロメートルに過ぎないから、これでは、とてもチーターから逃げ切ることはできない。

ところが、これだけ圧倒的なスピードの差があるにもかかわらず、チーターの狩りの成功率は七割だという。つまり、三割ものガゼルは、猛スピードで追いかけてくるチーターから見事に逃げ切っているのだ。ガゼルは、どのようにしてチーターから逃げ切っているのだろうか?

チーターに追われると、ガゼルは巧みなステップで飛び跳ねながら、ジグザグに走って逃げるのである。そして、ときには、クイックターンをして方向転換をする。チーターは直線では最高速度を発揮するが、ジグザグに走るガゼルを追いかけようとすると、最高速度で追いかけることができないのである。

もちろん、ジグザグに走ったり、クイックターンをしていれば、ガゼルもまた自らの最高速度を出すことはできない。しかし、単純な直線距離の競走では、ガゼルがチーターに勝てる見込みは万に一つもない。走り方を複雑にすると、チーターもガゼルも、本来の最高速度を出すことができないが、そうして競走を複雑にすることによってはじめて、弱者のガゼルがチーターに走り勝つ可能性が出てくるのである。

「強い者は単純に。弱い者は複雑に」これは勝負の鉄則なのである。

蝶のように舞う戦略

「直線で単純な勝負をしないこと」は、逃げるときの鉄則でもある。

ひらひらとチョウチョウが舞う姿は、何とものどかであるが、チョウがひらひらと飛ぶのには大切な理由がある。

チョウの不規則な飛び方は、鳥などの外敵の攻撃から身を守るための逃避行動であると考えられている。ひらひらと不規則に舞うチョウの動きは、鳥にとっては何ともとらえにくい。こうしてチョウは、直線的に高スピードで迫りくる鳥の攻撃をひらりとかわすことができるのである。まさに映画やドラマの一場面で、銃を撃ってくる悪者から逃れる主人公が、車をジグザグに走らせて逃げるのと同じである。優雅に見えるチョウの飛翔は、敵から逃れるための逃避行動だったのである。

ひらひらと羽を動かしているように見えるチョウであるが、実際には羽を閉じて自由落下した後、羽をはばたかせて、舞い上がるという動きを繰り返している。羽が大きいので、羽が激しく上下運動して敵をまどわすが、体は大きくは上下していない。何とも優れた飛び方なのである。

かつて「チョウのように舞い、ハチのように刺す」と評され、軽やかなステップで敵のパンチをかわすモハメド・アリというチャンピオンボクサーがいた。ひらひらと飛ぶチョウは、この元チャンピオンと同じである。すばやく飛んで敵から逃れようとする昆虫が多い中で、優雅に舞いながら敵をかわすチョウの飛び方は、まさに戦略的な逃げ方なのである。

静かなる敵から逃れる

チョウがもっとも恐れる敵は、鳥である。しかし、「鳥目」というように鳥の多くは、夜になって暗くなると目が見えない。そこで、鳥に襲われないように夜に行動をするものもいる。それが、ガである。

チョウとガとは、じつは同じ仲間で明確な区別はない。分類学上は、チョウはガの仲間の一部ということになっている。

夜行性のガは、鳥を恐れる必要はない。ところが、残念ながら夜に飛ぶガにも天敵がいる。それが闇夜を飛ぶコウモリである。コウモリは口から超音波を発振し、その反響をキャッチして闇の中でも物の存在を把握することができる。つまりはエコーと同じしくみである。コウモリの耳が大きいのは、超音波の反響を捉えるためなのである。

暗い闇の中で、姿の見えない天敵から超音波が発振され、捕捉される。これは、かなりの恐怖である。ガはなす術もなく食べられてしまうのだろうか。

じつは、ガはコウモリからの超音波を感じると、羽ばたくのをやめて垂直に落下する。こうすることで、コウモリの捕捉範囲から逃れるのである。チョウは鳥の捕捉を逃れるためにひらひらと飛んだが、急降下するガの逃避行動は、さすがのコウモリも捉えることができない。こうして、ガはコウモリから逃れるのである。直線的に逃げていたのでは、とても逃げ切ることはできない。強者のコースから外れることが大切なのである。

また、ガはチョウに比べると、体に細かい毛が生えているものが多いが、これもコウモリからの超音波を吸収して、反射させない工夫であると考えられている。

嫌われ者のガのような虫にさえ、生き抜くためのさまざまな工夫があるのである。

敵の存在を知る

敵から逃れるためには、敵の存在をいち早く察知しなければならない。弱者にとっては、敵の情報を得ることがもっとも大切なのである。そのため、弱い生物の多くは、鋭敏な感覚器官を発達させている。

ウサギの耳が長いのも、敵の存在をいち早く知るためであるし、ウマやシカは耳を一八〇度自由に動かして、わずかな音もキャッチする。草食動物にとって重要なことは、素早く危険を察知することだ。そのため、細かい情報を得るよりも、まずは情報収集のスピードが優先されるのである。

草食動物のウマやシカは顔の横に目がついているのにも理由がある。横に目がついていたのでは、両目で物を見ることができないので、距離感もつかめないし、立体にも見えにくい。その代わりに、ほとんど三六〇度を見渡せるようなしくみになっている【図6】。危険から逃げるためには、得られる情報を制限しても、まずは敵がいることをいち早く知ることが大切なのである。

これに対して、ライオンなどの肉食獣は、顔の正面に目がついている。肉食獣は草食動物を攻撃する立場にある。ターゲットの獲物までの距離や位置を正確に把握しなければならない。その

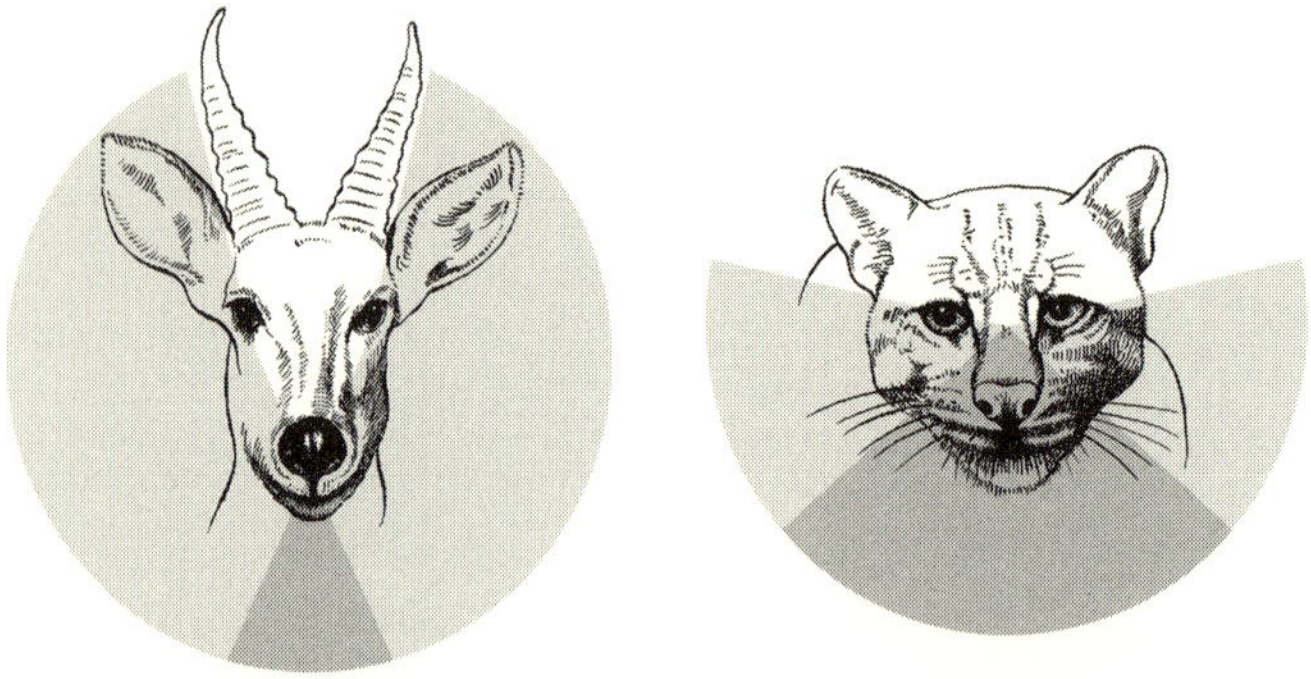

【図6】 草食動物（左）の目は、全方位を見られるように顔の横についている。肉食動物（右）のそれは、獲物までの距離や位置を計測しやすいよう顔の正面についている。

ため、視野が狭まっても、ターゲットの情報を得られるように、両目でしっかりと獲物を見るようになっているのである【図6】。

逃げる者と、追う者とでは、情報に対する考え方も異なるのである。

三、隠れる

「小ささ」という強み

強者は逃げも隠れもしないかも知れないが、弱者にとって「逃げ隠れ」することは、必要な能力である。すでに紹介したように逃げ隠れするうち、「逃げること」は重要な戦略であった。しかし、猛スピードで追いかけてくる敵を振り払うことは簡単なことではない。体力も消耗する。

映画でも敵に追われた主人公は、さんざん逃げた後で、物陰に身を隠して敵をやり過ごす。つまり「逃げ隠れする」うち、「隠れる」こともまた、重要な戦略なのである。

動物学者のＪ・Ｂ・フォスターは一九六四年に、「島の法則」なるものを見出した。

孤立化した小さな島では、シカやイノシシのような大きな動物は、大陸に棲む種類よりも、体が小さくなり矮小化する。これに対して、ネズミやウサギのような小さな生物は、島に棲む種類の方が、大陸に棲む種類よりも体のサイズが大きくなり巨大化するというのである。この現象は、「島嶼化」と呼ばれている。

どうして、このようなことが起こるのだろうか。

島嶼化の前提となるのは、孤立化した島という環境には、大陸に比べると天敵が少ないということである。大型の動物は、大陸では天敵となる捕食動物から身を守るために、体を大きくしている。ところが、島では、その必要がないために、体のサイズが小さくなるのである。

それでは、ネズミやウサギが、天敵のいない環境で体が大きくなるのはどうしてだろうか。

小さな動物は、敵に襲われれば物陰や小さな穴に逃げ込む。隠れるには、小さい体の方が身を隠しやすい。島などの天敵がいない環境で、体のサイズを大きくする、ということは、ネズミやウサギは大陸だと天敵から逃れるために、わざわざ体のサイズを小さくしていたということなのである。

つまり、体が小さいから狙われるのではなく、あえて体を小さくするという戦略を選んでいたのである。

しかも、敵が大きければ大きいほど、「小さいこと」は身を守る武器となる。敵が大きければ、小さな物陰には入ってくることができないし、大きな敵は、小さな動物を見逃しやすい。

体の大きな動物は、体をより大きくして天敵に抵抗する方がいい。しかし、小さな動物は天敵と張り合って、体を大きくするよりも、むしろ、さらに小さくなることが、生き残るための戦略なのである。

堂々と身を隠す

体が小さければ、小さな隙間に身を隠すことができる。しかし、ずっと隠れ続けているわけにはいかない。エサを取るために白昼に身をさらさなければならないときもあるのである。そこで多くの弱い生物が行っているのが、「擬態」という戦略である。

擬態とは、身の回りのものに色や姿を似せることである。特に昆虫の仲間は、擬態を発達させている。

たとえば、ナナフシという昆虫は木の枝に良く似た姿をしている。こうして、木の枝の中に紛れて身を隠すのである。

シャクトリムシも、細長い体をまっすぐに伸ばす。そして、木の小枝に似せて、敵から身を隠すのである。

コノハチョウやコノハムシは、その名のとおり、木の葉そっくりである。葉の一部が少し枯れかかっていたり、虫に食われたような跡さえあって、本物の葉っぱそっくりである。

特別な昆虫ばかりではない。バッタが緑色をしているのも、草むらに隠れるためだし、アブラゼミやニイニイゼミの羽の模様も、木の幹に隠れるためのものである。こうして、ありとあらゆる昆虫が擬態をして、自らの存在を隠しているのである。

成長に合わせて変化する

アゲハチョウの擬態は巧みである。何しろ成長にあわせて、次々に擬態を変化させていくのである。

まず、卵からかえった小さな幼虫は、黒色と白色のまだら模様をしている。じつは、これは鳥の糞に姿を似せているのである。黒色と白色の幼虫は葉の上では目立つが、鳥も自分の糞は食べようとしない。擬態は何も目立たなくするばかりではない。あえて目立つ擬態もあるのである。

やがてアゲハチョウの幼虫は成長を遂げる。擬態をするときには、その大きさも重要である。あまりに大きいと、さすがに鳥の糞には見えなくなってくる。そこで、幼虫は一転して鮮やかな緑色に筋の入った模様になる。こうして葉っぱに擬態するのである。

それでも鳥に見つかって襲われると、アゲハチョウは頭を上げて反り返る。緑色の幼虫の背中には大きな目玉模様がついている。そして、この目玉模様を大きく振り上げて、鳥の苦手なヘビに化けているのである。

それでは動けないさなぎはどうだろうか。

アゲハチョウのさなぎは尖った形をしている。これは木の刺《とげ》に姿を似せているのである。

それだけではない。アゲハチョウのさなぎには緑色のものと、茶色のものがある。じつは、すべすべした枝の上では緑色のさなぎになり、ごつごつした枝では茶色のさなぎを作るのである。アゲハチョウの幼虫がエサにするミカンの木には、ごつごつした茶色い幹と、つるつるした新しい緑色の枝とがある。そのため、茶色の幹では茶色いさなぎを作り、緑色の枝では緑色のさなぎを作るように工夫されているのである。

何かに姿を似せると言っても、一通りでは芸がない。アゲハチョウは、このように成長のステージに対応させて、擬態するモチーフを巧みに変化させているのである。

誰が敵なのか？

自然界の昆虫にとって、もっとも恐れる敵は鳥である。鳥は、とても目の良い生き物である。

そのため、鳥の目をだまして身を隠すには、相当の模倣技術を必要とするのである。つまり鳥の目の良さが、昆虫の擬態を進化させたのである。

擬態は、ただ姿を似せれば良いというものではない。

シマウマは白色と黒色のしま模様をしている。横断歩道がしま模様をしているように、白と黒のコントラストがはっきりしたしま模様というのは、よく目立つ色の組み合わせである。緑色や黄色の草原の中で、シマウマの白と黒はかなり目立ってしまう。どうして、敵から身を隠さなければならないはずのシマウマが、目立つ色合いをしているのだろうか。

シマウマの敵であるライオンやヒョウなどのネコ科の肉食獣は、色が識別できない。光と影のある草木の中に白と黒のシマウマが入ると、色の見えないネコ科の肉食獣にとっては見分けがつかなくなってしまう。こうして、シマウマは見事に身を隠すのである。

私たち人間や鳥にとっては、よく目立つしま模様も、ライオンにとってはもっとも見えづらい模様となる。つまり、身を隠すには誰に見られるかという相手を考えて、相手の目線に立つことが重要なのである。

また、海の底に身を隠しているカサゴは、赤い色をしている。停止信号が赤色をしているように、赤色は遠くからもっとも目立つ色である。どうして、カサゴはわざわざ目立つ色をしているのだろうか。

釣り上げたとき、カサゴは真っ赤な色をしていてよく目立つ。しかし、カサゴが生息している深い海の底には、赤い光が届かない。ということは、赤い光のない海の底では、赤い色をしたカサゴは、見えなくなるのである。

弱い生き物が身を守るにも、そこがどんな場所なのか、誰が敵なのか、というターゲットの見極めが重要なのである。

●コラム3　ナマケモノの戦略

ナマケモノとは「怠け者」の意味だから、ずいぶんとひどい名前をつけられたものである。

しかし、その名にふさわしいほど、ナマケモノは動かない。何しろ一日二十四時間のうち、二十時間以上は眠っている。しかも動くスピードもじつにゆっくりである。わずか一〇〇メートルを移動するのに一時間も掛かるというから、相当にのろい。あまりに動かないので体にコケが生えるほどだという。

他の動物たちはエサを求めて動き回り、敵から逃げ回っているのに、どうしてこんなにものんびりとしていられるのだろうか。

じつは、これもナマケモノの立派な戦略である。

ナマケモノは南米に暮らしているが、そこにはジャガーという肉食獣がいる。多くの生き物にとってジャガーは恐ろしい天敵である。何しろネコ科であるにもかかわらず水を怖がらない。水の中も泳いで追いかけてくる。さらには木登りも得意だから、木に登って逃げようとしても敏捷なジャガーにすぐにつかまってしまう。南米のジャングルでは、ジャガーから逃れられる場所はないのだ。

そこで、ナマケモノはジャガーに見つからないように、徹底的に動かない戦略に出たのである。ジャガーなどの肉食動物は動体視力は優れるが、木の葉の茂った中にいる動かない獲物を見つけることは得意ではない。さらには、ナマケモノの体に生えたコケも、身を隠すには好都合である。しかし、ずっと動かずにいられるわけではない。何しろ生きていくためには、エサを探して食べなければならないのだ。

ナマケモノの戦略はこうである。ナマケモノは毒のある木の葉をエサにしている。毒のある葉を食べる動物は他にいない。そのため、必死にエサを探しまわらなくても他の動物とエサを巡って競う必要がないのである。しかも、ナマケモノはほとんど移動しないのでエネルギーの消費が少なく、食べる量もわずかでいい。まさに低コスト化に成功しているのである。

それだけではない。さらに、ナマケモノは基礎代謝によるエネルギーの消耗を防ぐために、体温を維持せずに外気温に合わせて体温を変化させている。

もっともっと、と活発に動きまわるだけが能ではない。動かず、目立たずに生き延びるナマケモノの戦略も、弱者の戦略としては秀逸なのである。

植物も擬態する

擬態をするのは昆虫や動物ばかりではない。植物も擬態をすることが知られている。昆虫や動物の多くは、まわりにある植物の色や形に擬態をするが、植物はどのような擬態をするのだろうか？

たとえば、田んぼの中の雑草の中にも擬態をするものがいる。

昔は、田んぼの草取りは重労働であった。何度も何度も田んぼに入って田の草取りをする人間も大変だが、抜かれる雑草の立場になってみれば、雑草も大変である。何度も行われる草取りから身を守らなければならないのだ。小さな雑草であれば、イネの株間に身を潜めていることもできるだろうが、大きな雑草ではそうはいかない。

タイヌビエという田んぼのヒエは、擬態によって田の草取りを切り抜けている。はたしてタイヌビエは、どんなものに擬態しているのだろうか。

タイヌビエはイネとそっくりな姿をしている。そうして人間の目を欺いて田の草取りを逃れるのである。まさに「木を隠すときは森へ隠せ」の喩えどおり、田んぼにたくさんあるイネに紛れることで、タイヌビエはみごとに身を隠してしまうのである。

このように人間が管理する作物に姿を似せて身を守る雑草は「擬態雑草」と呼ばれている。

野山によく見られるオドリコソウも、擬態する植物の一つである。オドリコソウは、イラクサという植物に擬態している。イラクサは漢字では「刺草」と書くが、その名のとおり、イラクサの茎や葉には細かな刺毛が密生している。

しかもイラクサが持っているのは、ただのトゲではない。トゲの根元には毒を含んだ小さな袋が備えられていて、皮膚に刺さるとトゲの先端が外れて、注射針のように傷口に毒を注入するしくみになっている。この刺で動物に食べられるのを防いでいるのである。もし、この刺毛にさされると赤く腫れ上がってしまうから要注意だ。

ちなみにイラクサは漢名を「蕁麻」という。これが、アレルギー発疹である蕁麻疹の由来である。そして、このイラクサに刺された状態が「いらいらする」感じなのである。

オドリコソウにはこのようなトゲはない。しかしイラクサに葉の形を似せることによって、動物の食害から身を守っているのである。

石に擬態した植物

植物の擬態は、他の植物を模倣するだけではない。リトープスという植物は、驚くことに石に擬態している【図7】。

リトープスは石の多い砂漠に生息している植物である。そのため石そっくりな姿で、動物の食害を免れるのである。砂漠のように何もないように見える場所でもちゃんと擬態することはできるのだ。

また、擬態というと、昆虫が植物の姿に擬態することが多いが、逆に植物が昆虫に擬態する例もある。

トケイソウの仲間は茎の一部が、まるでチョウの卵のように変化している。どうして、わざわざチョウの卵のように擬態する必要があるのだろうか。

じつは、トケイソウにはドクチョウの仲間が卵を産み付ける。そして、幼虫が葉を食べてしまうのである。ところが、ドクチョウは同じ場所に卵をたくさん産むと、葉を食べ尽くして幼虫が死滅してしまう恐れがあるので、先に卵が産みつけられていると、同じ場所には卵を産まないという性質がある。そのため、トケイソウの葉はチョウの卵に擬態して、すでに卵が産みつけられているように見せかけて、ドクチョウに卵を産ませないようにしているのである。こうして動けない植物も、さまざまに擬態を工夫して身を守っているのである。

それにしても、何というすばらしいアイデアの数々だろう。

【図7】 リトープスという植物は石に擬態している。

状況に合わせて変わる

どのような擬態をすれば良いかは、置かれた状況によって変わる。

たとえば、緑に囲まれた森の中であれば、緑色をしている方が良いし、灰色の砂の上では、灰色をしている方が良い。

カメレオンはまわりの環境にあわせて体の色が変化することが知られている。とはいえ、残念ながら、どんな色にもなれるわけではない。じつはカメレオンも変わることのできる色は、決まっているのである。

カメレオンは皮膚の細胞の中に、白、赤、黄、黒の色素を持っている。この色素を組み合わせてさまざまな色を作る。つまり、カメレオンはあらかじめ、変化するための材料を用意しているのである。このように、生物は環境に合わせて変化するためのオプションを用意している。そう言えば、42ページで紹介したアゲハチョウのさなぎも、自分がいる植物の状況を判断して、巧みにさなぎの色を変化させていた。

しかし、さまざまな環境に合わせて色を変化させることは、簡単にできることではない。ショウリョウバッタやトノサマバッタなどのバッタには緑色のものだけでなく、褐色のものがいる。これは環境に合わせて変化しているわけではなく、生まれつき色が決まっている。

植物の多いところでは緑色の方が見つかりにくいが、植物の少ない環境では褐色の方が目立たない。緑色の方が有利か、褐色の方が有利かは、まわりの環境によって変わる。そのため、どちらかが生き残るように、その両方を用意しているのである。

このように、環境の変化や環境の多様さに対応して、いくつかのオプションを用意することを生態学では「両賭け戦略」という。

どちらを選択すべきか迷うような状況では、生物はどちらか一方を選ぶよりも、どちらに転んでも良いような対策を取ることが多いのである。

常にオプションを用意する

十九世紀の後半から、ヨーロッパの都市で工業化が進むにつれて、暗色のガが増加するという事件が起こった。これが、よく知られる「工業暗化」と呼ばれる現象である。

工業暗化は、イギリスのオオシモフリエダシャクというガで最初に報告されたが、次第にその他のガでも確認されるようになった。オオシモフリエダシャクはもともと白い淡色のガである。ところが、次第に黒いガが増えていったのである。

もともとは木の幹は地衣類で覆われて白っぽいので、白い淡色のガの方が目立ちにくく、鳥に捕食されずに生き残る確率が高かった。ところが、工業化すると煤煙によってまわりが黒くなる。

そのため、黒い暗色のガの方が目立ちにくくなって、生き残るようになったのである。

これは環境の変化によって、生物が進化をする過程を示した例として知られている。

しかし白いガが黒いガに変化したわけではない。この白いガは一定の割合で必ず黒いガを産んでいた。つまり常に黒いガと白いガが用意されていたのである。

自然界では、白いガと黒いガを比較すれば、白いガの方が圧倒的に有利である。白いガは、白い木の幹に止まったときに目立たないように進化を遂げているからである。しかし、もし、これが最善だからと言って、白いガばかりであったなら、工業化によって環境が変化したときに、絶滅してしまったことだろう。

重要なことは、常に次善の策のオプションが用意されているということである。

黒いガは自然界では不利である。けっして最善の策ではない。しかし、この一見すると無駄のように思える黒いガの存在が、工業化という想定外の環境の変化を乗り越えることにつながったのである。

農薬をまくと害虫が増える

生物は一定の割合で、常に突然変異を生み出している。黒いガは、突然変異によって生まれたものである。突然変異は、必ずしも有利な形質であるとは限らない。しかし、黒いガの例に見るように、環境が変化したときに、この突然変異の存在が力を発揮するのである。

弱い生物は、このように多様な形質をもった子孫をたくさん残すことによって、どれかが生き残るように工夫している。

このような突然変異が力を発揮する例として、害虫の農薬に対する抵抗性の例がある。じつは、害虫を退治するために農薬をまきすぎると、かえって害虫が増えてしまうという奇怪な現象がしばしば起こる。この現象は昆虫学の分野では「リサージェンス（誘導多発生）」と呼ばれている。

害虫からは、一定の割合で農薬に対する抵抗性のある個体が生まれる。このような突然変異は一万分の一から、十万分の一くらいの割合で起こる。その確率は決して高くない。しかし、害虫は数が多いので、農薬に対する抵抗性をもつ個体は珍しくないのである。農薬をまけば、ほとんどの害虫が死んでしまうが、わずかに残った抵抗性のある個体が子孫を増やして、農薬に対する抵抗性のある個体が増えていくのである。

一方、害虫をエサとして捕食しているクモなどの天敵は、害虫に比べるとずっと数が少ない。そのため、同じ一万分の一から、十万分の一の割合で抵抗性の突然変異が起こったとしても、抵抗性をもつ個体が生まれる可能性は害虫に比べてずっと低い【図8】。しかも害虫に比べると、増えるスピードも遅い。そうこうしているうちに、また農薬をまかれてしまう。そのため、天敵には抵抗性が発達しにくいのである。

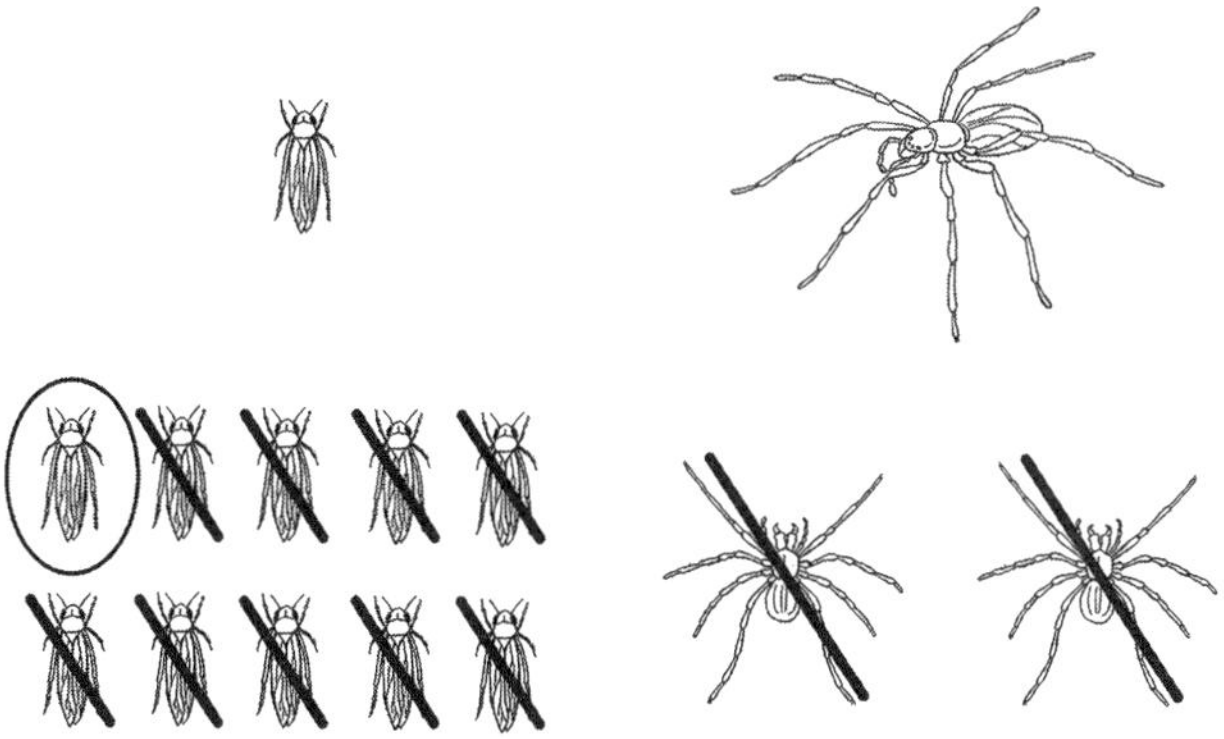

【図８】　害虫からは農薬に対する抵抗性のある個体が生まれる。害虫を捕食するクモよりも、害虫の数の方が圧倒的に多いため、突然変異する数も相対的に多いからだ。

弱者と呼ばれる生物は、数が多い。そのため、常に多くのオプションを用意し、多くのチャレンジをしている。だからこそ、環境の変化に対して強い。

これが弱いと言われる生物の戦略なのである。

四、ずらす

夢は夜開く

「逃げる」というのは、足早に逃げるばかりが能ではない。

天敵やライバルのいる場所や時間を避けて強者のいない場所や時間を選ぶという戦略もある。つまり「ずらす」という戦略である。

たとえば、動物の中には夜行性のものがいる。夜に活動する大きなメリットの一つは、夜間は天敵が少ないということである。天敵となる肉食動物が眠っている夜の間に行動をすればリスクが少ない。

もちろん、昼から夜にずらすという単純な方法にも危険はある。夜行性の動物を狙って、肉食動物の中にも夜に活動するものがいるからだ。しかし、昼間に比べれば比較的、危険は少ないと言えるだろう。

昆虫の中にも夜行性の種類が多い。天敵の鳥のほとんどは昼間に活動をしているから、夜に活動をすれば、鳥の目から逃れることができるのである。

「夜の蝶」という言葉があるが、実際にチョウチョウの中にも、夜に活動をするものがある。それがガである。もっとも、チョウの進化は複雑で、そもそも夜に活動するガの方が先に進化していて、その中から昼間に活動する美しいチョウが出現したと考えられている。

ずらす戦略は昆虫だけではない。

植物の中にも夜に咲くことを選んだものがいる。マツヨイグサやカラスウリなどは、夜に咲く花である。これらの花は、ガに花粉を運んでもらっている。昼間はハチやアブなどの昆虫の種類も多いが、咲いている花も多いから、昆虫を呼び寄せて花粉を運んでもらうことは容易ではない。しかし、夜は昆虫の種類は少ないが、咲いている花の種類も限られているから、夜に活動するガを独占することができるのである。

早春に花咲く戦略

まだ肌寒い早春に、花を咲かせている野の花がある。他の花に先がけて早春に咲くことも「ずらす」戦略の一つである。

暖かくなるのを待っていれば、さまざまな草花が花を咲かせ始める。野の花々は受粉を行うために花粉を運ぶ昆虫を呼び寄せる。暖かな春には活動する昆虫も多いが、ライバルとなる花も多いから、それだけ昆虫に来てもらうことは難しい。目立たない小さな花では、大きな花に負けてしまう。

そこで、小さな花は、まだ他の花が咲かない早春のうちに花を咲かせる。早春は飛んでいる虫も少ないが、咲いている花も少ないので、小さな花でも昆虫を呼び寄せることができるのである。

しかし、早春に咲くと言っても、簡単ではない。

冬越しをするのに、もっとも安全な方法は、種子で土の中に眠ることである。ヘビやカエルが土の中で冬越しをするように、土の中は温かい。しかし、土の中で眠っていたのでは、他の草花に先駆けて早春に咲くことはできない。

一方、早春に咲く植物は、寒い冬の間も、地面の上に葉を広げている。寒風に耐えながら、霜に萎れながら、それでも葉を広げている。こうして冬の間も光合成を行い、しっかりとエネルギーをたくわえるのである。

そして、春が近づき、土の中で冬を過ごした種子が目覚めるころ、冬の間も葉を広げていた草花は、たくわえた栄養分を使って一気に成長し、花を咲かせることができるのである。

寒風の中にいち早く咲いた小さい花に、人は春の足音が近づいていることを感じる。しかし、私たちに春の訪れを感じさせてくれる花は、必ず冬の間も葉を広げて、早春に備えていた植物ばかりなのである。

西洋タンポポは本当に強い？

タンポポには昔から日本にある日本タンポポと外国から帰化した西洋タンポポの大きく二種類がある。この西洋タンポポと日本タンポポが勢力争いをしていることは良く知られている。西洋タンポポと日本タンポポの分布をみると、西洋タンポポが分布を広げ、その一方で日本タンポポは郊外へと追いやられているように見える。そのため、西洋タンポポの方が強いと考えられている。

本当にそうだろうか？　西洋タンポポと日本タンポポの能力を比較してみることにしよう。

西洋タンポポは種子が小さいので、その分だけたくさんの種子を生産することができる。つまり、西洋タンポポの方が、繁殖力が強いのである。しかも西洋タンポポの種子は軽いので、遠くまで飛ばすことができる。こうして分布を広げることができるのだ。さらに日本タンポポは春しか花を咲かせないが、西洋タンポポは一年中、花を咲かせて次々に種子を生産していく。

どうやら繁殖能力の比較では、西洋タンポポに軍配が上がるようだ。それだけではない。西洋タンポポは、特殊な能力を持っている。

通常、植物は雄しべの花粉が、ハチやアブなどの昆虫によって、他の花の雌しべに運ばれて、受粉する。そして種子が作られるのである。もちろん、日本タンポポも花粉を受粉しないと種子を作ることができない。

ところが、西洋タンポポは、受粉しなくても種子を作ることができるという特殊な能力を持っている。そのため、昆虫がやってこなくても、種子を作ることができるし、たった一株あれば種子を作ることができるのだ。西洋タンポポが街中の道端などでも種子を作ることができるのは、そのためなのである。

このように、西洋タンポポは、日本タンポポに比べて優れた能力をたくさん持っているのである。

しかし、本当に西洋タンポポは強いのだろうか？

街中では、西洋タンポポを多く見かけるが、郊外の自然の多いところでは、西洋タンポポは少なく、日本タンポポを多く見かける。これは、どうしてなのだろう。

自然が豊かなところでは、他の植物もたくさん生えている。夏になれば、草がうっそうと生い

【図9】 ずらす戦略をとる日本タンポポは、春のうちに咲き、他の植物が生い茂る夏には夏眠する。左から春、夏、秋冬。

茂る。こうなると、タンポポはとても光を浴びることができない。西洋タンポポは、一年中、花を咲かせる。そのため、夏になると他の植物の陰になって、枯れてしまうのだ。

ところが日本タンポポは、まだ他の植物が伸びてこない春のうちに花を咲かせる。そして、他の植物が伸びてくる夏になると、根っこだけを残して、自ら葉を枯らせてしまうのである。これは冬眠のように、夏に眠るので「夏眠《かみん》」と呼ばれている【図9】。

日本タンポポは、こうして夏をやり過ごし、他の植物が枯れる秋から冬にかけて、再び葉を伸ばしてくる。

まともに他の植物と競っていたのでは、生き残ることができない。他の植物との競争を避けることで、花を咲かせ、種子を作ることができるのである。

この「ずらす」技こそが、日本の四季に適応した日本タンポポの知恵なのである。

●コラム4　考えない葦の戦略

「人間は考える葦である」という言葉がある。

この言葉は、哲学者パスカルの遺著「パンセ」の一節「人間は自然のうちで最も弱い一本の葦にすぎない。しかしそれは考える葦である」に由来する。そして、パスカルは人間の尊厳は考えることにある、と説いたのである。

パスカルの言葉で、アシは自然界で弱い存在とされている。しかし、アシは実際には水辺の植物の中では、もっとも競争に強い植物である。そのため、水辺はアシで覆われて一面のアシ原となる。

ちなみに「アシやヨシが生えている」という言い方をするが、アシとヨシとは同じ植物である。アシは「悪し」につながることから、「良し」と呼ぶようになった。現在では、植物図鑑では「ヨシ」が正式とされている。ちなみに関西では「アシ」はお金を意味する「おあし」を連想させて縁起が良いことから、「アシ」と呼ばれている。

パスカルが「アシ」を弱い存在としたのは、風が吹くと、簡単に風になびいて、しなってしまうからである。頑強な植物は水辺では育つことができない。水辺が大木の森にならないのは、強い水の流れや強い風が生育を妨げるからである。

昆虫学者として有名なファーブルが書いた植物記のなかで、ヨシは突風に倒れそうになった力シの木にこう語りかける。

「私はあなたほど風が怖くない。折れないように身をかがめるからね」

日本には「柳に風」という諺がある。カシのような大木は頑強だが、予想以上の強風が来たときには持ちこたえられずに折れてしまう。ところが、細くて弱そうに見える柳の枝は風になびいて折れることはない。外からの力をかわすことは、強情に力くらべをするよりもずっと強いのである。

ヨシは茎の内部が空洞になっている。そうすることで茎はたわみによって大きな抵抗力を持つことができる。しかし、大きくなると茎がしなってしまうので、茎のところどころには節を入れて補強した。こうしてヨシは水の流れや強風に負けない強くて軽い体を手にしたのである。

ヨシは人間のようには考えることはできないが、強い風に負けない強くしなやかな生き方をしているのである。

早起きは三文の得

ライバルとなるのは、何も他の種類ばかりとは限らない。同じ種類の中にも、強い者もいれば、弱い者もいる。ということは、「ずらす」ことは同じ種類の中でも有力な戦略となる。

カブトムシのオスは樹液の出るエサ場を縄張りとする。そして、そこにやってきたメスと交尾をするのである。立派なカブトムシの角は、この縄張りを守るためのものである。自分のエサ場に他のオスが来れば、角で追い払う。もちろん、相手のオスも負けてはいない。角と角を突き合わせて、エサ場とメスをめぐって激しく戦いあうのである。

角が大きい方が戦いには有利である。強くなければエサもメスも手に入れることができないのが、カブトムシの世界なのである。ところが、実際に調べてみると角の小さなオスもたくさん存在している。

一般に、生物の体の大きさというものは、平均的な個体がたくさんいて、平均から離れるにしたがって数が少なくなる。しかし、カブトムシは違う。角の大きな個体と、角の小さな個体が存在し、その中間が少ないのである。これは、どういうことなのだろうか。

じつは小さな角のカブトムシには、小さいなりの戦略があるのである。

中途半端に角の大きいカブトムシは、他のカブトムシと戦ってしまう。しかし、戦いに勝つことができるのは、大きな角のカブトムシだけである。そのため中間的な角のオスのカブトムシは子孫を残すことができない。

一方、小さな角のカブトムシは、大きな角のオスと戦うようなことはできない。そこで「ずらす戦略」を選んでいる。

カブトムシのオスは明け方近くに活動をする。ところが、角の小さなオスは、真夜中から活動を始める。こうして、まだ他のオスが眠っているうちに、エサもメスも手に入れてしまう作戦なのである。そのため、小さな角のオスはしっかりと子孫を残し、小さな角の遺伝子は受け継がれるのである。

まさに「早起きは三文の得」。これも活動をずらす立派な戦略と言えるだろう。

ラクダは楽じゃない

ラクダは砂漠という過酷な環境に適応している。森林や草原に比べて、砂漠には、天敵となる肉食動物が少ない。「らくだ」というほど、砂漠に暮らすことは楽ではないが、その環境さえ克服することができれば、天敵がいない楽園なのである。

同じラクダ科の動物にはラマやアルパカがいる。ラマやアルパカは、酸素の少ない高山に適応して進化している。高山も天敵となる肉食動物が少ない環境である。このようにラクダ科の仲間は、天敵やライバルがいない場所を選ぶという戦略を徹底しているのである。

もちろん、ただずらせば良いという単純なものではない。ラクダ科は厳しい環境に適応するために、さまざまな能力を発達させているのだ。

ラクダはコブが特徴的である。何日間も水を飲まなくても大丈夫なので、昔はあのコブには水瓶のように水が入っていると信じられていた。しかし実際には、コブは脂肪でできていて、栄養分を蓄えているのである。

それでは水はどうするのだろうか。じつはラクダは血液の中に大量の水を蓄えている。砂漠に生きるための工夫は、それだけではない。砂ぼこりから目を守るために、長いまつ毛を持っている。また、鼻の穴は閉じるようになっている。さらに、砂に足が埋まらないように、足の裏の面積が広く平らである。こうしてさまざまな工夫で砂漠を生き抜いているのである。

一方、ラマやアルパカはどうだろう。標高の高い高山に棲むラマやアルパカは、血液中の酸素との親和性が高く、効率よく酸素を補給できるようになっている。そのため酸素の少ない高地でも暮らしていくことができるのである。

天敵やライバルがいないということは、それだけ厳しく棲みにくい環境ということでもある。「ずらす」という戦略には、それなりの工夫が必要なのである。

ずらす戦略の奥義

じつは、私たちも「ずらす戦略」を選ぶことはよくある。

たとえば、トンネルで山を抜けるバイパスと、くねくねの山道で峠を越えていく旧道があったとする。あなたはどちらの道を選ぶだろうか。

当然、バイパスを走る方がずっと快適である。しかし、バイパスを走りたいのはみんな同じである。だから、せっかくのバイパスが大渋滞を起こしてしまう。

そんな渋滞が嫌だからと、わざわざ遠回りする山道を選ぶ。そういう選択をした経験は誰でもあるだろう。これは「ずらすこと」で、競争を避ける戦略である。

あるいは、すし詰めの満員電車が嫌だから、座席を確保するために朝一時間早く家を出たり、人気のお店には昼休みの時間を外してランチを食べに行くという人もいるだろう。朝一時間早く出掛けることは簡単ではない。また、昼休み以外の時間にランチを食べに行くことも簡単ではない。なかなかマネできない難しいことである。これも競争を避けているのだ。

条件が良いところは、競争が激しい。競争を避けて、「ずらす」ということは、少し条件の悪いところへ移ることなのだ。

弱者にとって、チャンスは恵まれているところにあるのではない。少し条件の悪いところにこそ、チャンスがあるのである。

群れたり、逃げたりすることと比べると、「ずらす」戦略は、じつに複雑である。また、条件の悪いところをあえて選ぶという極めて戦略的な側面を持つ。

「ずらす」ことは、じつに秀逸な戦略である。もちろん、ただずらせば良いというほど単純なものではない。「ずらす」ためには、知恵と工夫が必要なのである。

「ずらす」という戦略こそ、弱者の戦略の神髄である。この奥義については、次の章でくわしく説明することにしよう。

●コラム5　はかなくないカゲロウの命

カゲロウは成虫になると一日か二日で死んでしまう。種類によっては数時間で死んでしまうものさえいる。そのわずかな生を受けた成虫は口も退化していて食べ物はおろか、水さえ口にすることはない。「かげろうの命」という言葉は、「弱くはかないもの」の代名詞である。

ゆらゆらと力なく飛ぶか弱い様子は、幻のようにはかない「陽炎」にたとえられ、カゲロウと名付けられた。

しかし、本当にカゲロウは弱い存在なのだろうか。

カゲロウは成虫の命は短いが、幼虫では何年間も過ごす。卵から死ぬまで数カ月という寿命のものが多い昆虫界にとっては、どちらかというと長寿な方である。

カゲロウは生きた化石と呼ばれるほど古い存在である。現在、知られているもっとも古い昆虫の化石はカゲロウのものである。三億年も前から現在と変わらぬ姿をしているのである。

それにしても、こんなにもか弱い虫が、どうして三億年もの間、生き抜いてくることができたのだろうか。じつは、その秘密こそが「短い命」にある。

いたずらに長く生きていたとすると、天敵に食べられたり、事故にあったりして、天寿を全うせずに死んでしまうことが多い。しかし、短い命であれば天寿を全うすることができる。そのためにカゲロウの成虫は命を短くしているのである。

カゲロウの成虫の役割は、子孫を残すことにある。だからこそ、成虫になると確実に子孫を残す目的だけに専念する。そのために、限られた短い命で目的を達成するのである。

しかし、ゆらゆらと飛ぶカゲロウには、天敵から飛んで逃げる力もなければ、身を守る武器もない。それではカゲロウはどのようにして身を守っているのだろうか。その戦略こそが、群れを作って集団になることである。

カゲロウの幼虫はある日の夕方になると一斉に羽化をする。夕方に羽化をするのは天敵の鳥がいなくなる時間を見計らってのことである。その数は尋常ではない。

夕方になると鳥の代わりにコウモリが現れてカゲロウを捕食しはじめる。しかし、大群をなすカゲロウをとても食べきることができない。こうしてカゲロウは交尾を終えて、産卵をするのである。

第三章　すべての生き物は勝者である

オンリー1か、ナンバー1か

人気グループであるSMAPのヒット曲「世界に一つだけの花」に、こんな歌詞がある。

ナンバー1にならなくてもいい
もともと特別なオンリー1

この歌詞は、二つのことを考えさせる。

一つは、歌詞のとおり、オンリー1が大切という見方である。

世の中は競争社会である。しかし、何もナンバー1にだけ価値があるわけではない。私たち一人一人は特別な個性ある存在なのだから、それで良いのではないか、という意見である。

一方、別の見方もある。世の中が競争社会だとすれば、やはりナンバー1を目指さなければ意味がない。オンリー1で良いと満足していてはいけないのではないか、という考えである。

オンリー1か、それともナンバー1か。あなたは、どちらの考えに賛同されるだろうか?

じつは、この歌詞は、「弱者の戦略」にとって示唆的である。生物の生存戦略は、この歌詞に対して明確な答えを持っているのである。

ナンバー1しか生きられない

じつは、生物の世界の法則では、ナンバー1しか生きられないとされている。それを表わしたのはガウゼの実験と呼ばれるものである【図10】。

ソ連の生態学者であるゲオルギー・ガウゼは、ゾウリムシとヒメゾウリムシという二種類のゾウリムシを一つの水槽でいっしょに飼う実験を行った。すると、水やエサが豊富にあるにもかかわらず、最終的に一種類だけが生き残り、もう一種類のゾウリムシは駆逐されて、滅んでしまうことを発見した。

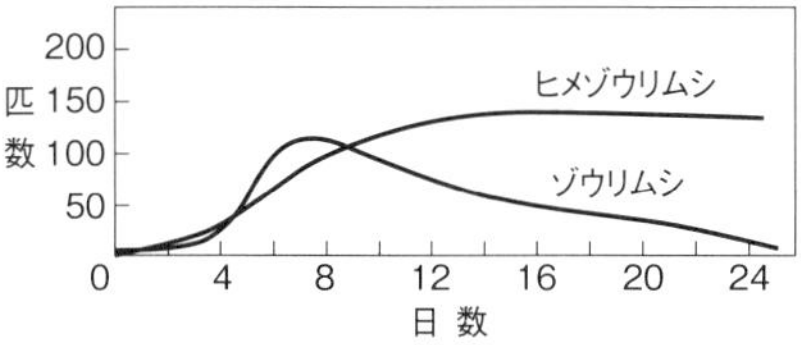

【図10】 ガウゼの実験。水やエサが豊富にもかかわらずヒメゾウリムシだけが生き残り、ゾウリムシは駆逐されてしまう。

こうして、強い者が生き残り、弱い者は滅んでしまう。つまり、二種類のゾウリムシは生き残りを懸けて激しく競い合い、共存することができないのである。勝者が勝ち残り、敗者は去りゆくのみなのだ。

こうした競争があらゆる生き物の間でくり広げられ、その結果ナンバー1しか生きられない。これが厳しい掟である。

自然界でナンバー2はあり得ない。ナンバー2を気取っていても、結局のところナンバー2は、滅びゆく弱者なのである。

しかし、自然界を見渡せば、多種多様な生き物が暮らしている。ナンバー1しか生きられないはずなのに、どのようにして多くの生物が共存しているのだろうか？

棲み分けという戦略

ガウゼの実験には続きがある。

ゾウリムシの種類を変えて、ゾウリムシとミドリゾウリムシで同じ実験をしてみると、二種類のゾウリムシは一つの水槽の中で共存をしたのである【図11】。

どうして、この実験では二種類のゾウリムシが共存しえたのだろうか。

じつは、ゾウリムシとミドリゾウリムシは、棲む場所とエサが異なるのである。ゾウリムシは、水槽の上の方にいて、浮いている大腸菌をエサにしている。一方、ミドリゾウリムシは水槽の底の方にいて、酵母菌をエサにしている。

このように、同じ水槽の中でも、棲んでいる世界が異なれば、競い合う必要もなく共存することが可能なのである。これが生態学の分野で「棲み分け」と呼ばれるものである。

つまり、同じような環境に暮らす生物どうしは、激しく競争し、ナンバー1しか生き残ることができない。しかし暮らす環境が異なれば、共存することができるのである。

そのため、自然界に存在している生物は、他の生物と少しずつ生息環境をずらしながら、自分の居場所を作っている。

つまり、53ページから紹介した「ずらす戦略」は、ナンバー1以外のすべての生物にとって不可欠なのである。

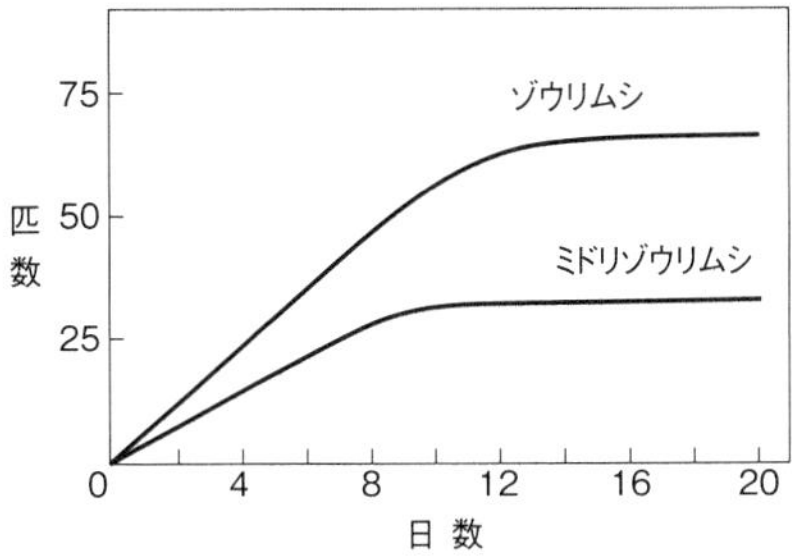

【図11】　同じくガウゼの実験。ゾウリムシとミドリゾウリムシは共存できた。その理由は棲む場所とエサがちがったからだ。

同じ場所を棲み分ける

すべての生物は少しずつ居場所をずらしている。

しかし、自然界を見れば同じ場所にさまざまな生き物が暮らしているように見える。本当に、すべての生物が居場所をずらしているのだろうか。

じつは、「ずらす戦略」は単に場所だけの話ではない。場所が同じであっても、生活時間やライフスタイルをずらせば、共存することが可能である。

たとえば、アフリカのサバンナを考えてみよう。サバンナには、さまざまな草食動物がいる。

シマウマは草原の草を食べている。一方キリンは、地面に生える草ではなく、高いところにある木の葉を食べている。つまり、シマウマとキリンは、同じサバンナの草原にいるが、争わないようにエサ場を分けているのである。

しかし、草原の草を食べる動物は、シマウマの他にもいる。たとえば、ヌーやトムソンガゼルはどうだろうか。じつは、これらの動物もエサを少しずつずらしている。

ウマの仲間のシマウマは、草の先端を食べる。次にウシの仲間のヌーは、その下の草の茎や葉を食べる。そして、シカの仲間のトムソンガゼルは地面に近い背丈の低い部分を食べている。こうして、同じサバンナの草食動物も、食べる部分をずらして、棲み分けているのである。

また、サバンナには、シロサイとクロサイという二種類のサイがいる。同じように見える二種類のサイもちゃんと棲み分けをしている。

シロサイは幅広い口をしていて、地面に近い背の低い草を食べている。一方、クロサイはつぼんだ口をしていて、背の高い草を食べている。ゾウリムシがそうであったように、サイもまた、こうしてエサをずらしているのである。

このように、場所やエサをずらしながら、共存する「棲み分け」は、生態学者の故・今西錦司博士が、カゲロウの幼虫が川の流れの急なところと流れのなだらかなところで、種類が異なることから発見した現象である。

ダーウィンは生物が生存競争の結果、進化を遂げるという進化論を展開したのに対して、この棲み分け理論は、当初、生物社会は競争をするのではなく、平和共存をしていると説明していた。しかし最近では、激しい競争の結果として、棲み分けが起こっていると考えられている。

いずれにしても競争だけでは、ナンバー1しか生き残れない。競争を避けることが弱者が生き残る道であることを自然界の棲み分けは示しているのである。

すべての生物がナンバー1である

この世に存在している生物はそれがどんなにつまらなく見える生き物であったとしてもそれぞれの居場所で、ナンバー1なのである。

もし同じ居場所に棲む生物がいたとすると、激しい競争が起こるため、自然界に存在しているすべての生き物にとって、自分の居場所は自分だけのものとなっているはずである。つまりすべての生物がオンリー1でもあるのである。

ナンバー1であることが大事なのか？　オンリー1であることが大事なのか？　この答えはもうおわかりだろう。

既に述べたように、すべての生物はオンリー1である。しかし、ナンバー1でなければ生存できないという鉄則もある。つまり、すべての生物は、どんなに小さくともナンバー1になれるオンリー1の場所を持っているのである。

オンリー1というのは個性のことではない。その個性を最大限に活かしてナンバー1になることのできる「ポジション」のことなのである。もっともSMAPが歌う「世界に一つだけの花」は、「花屋の店先に並んだいろんな花」である。人間が世話をしてくれる花屋の花であるなら、ナンバー1でなくとも、オンリー1であればそれでいい。

しかし、自然界であれば、ナンバー1になれる場所を見出さなければ生存することはできない。オンリー1とは、自分が見出した自分のポジションのことなのである。

どんなに小さくとも、ナンバー1を勝ち取った生物が、この自然界を埋め尽くしている。世界のどこかの場所で、すべての生物はナンバー1なのである。

前章では、強者に対して、場所や時間を「ずらす」戦略を紹介した。しかし、「ずらす」ということは、ただ強者を避けるということではない。

「ずらす」ということは、他の生物がナンバー1になれない場所を探し、自らがナンバー1になる自分の居場所を「探す」ことである。そしてどんなに小さい場所であっても、ナンバー1になる秀でた能力を持たなければならないのである。

本当のニッチ戦略

ビジネスの世界に、「ニッチ戦略」という言葉がある。ニッチ（Niche）とは、大きなマーケットとマーケットの間の、すきまにある小さなマーケットを意味して使われることが多い。しかし、この言葉は、もともとは生物学で使われていたものがマーケティング用語として広まったものである。「ニッチ」は本来、装飾品を飾るために寺院などの壁面に設けたくぼみを意味している。やがてそれが転じて、生物学の分野で「ある生物種が生息する範囲の環境」を指す言葉として使われるようになった。生物学では、ニッチは「生態的地位」と訳されている。

一つのくぼみに、一つの装飾品しか掛けることができないように、一つのニッチには一つの生物種しか住むことができない。

生物にとってニッチとは、単にすきまを意味する言葉ではない。すべての生物が自分だけのニッチを持っている。そして、そのニッチは重なりあうことがない。もし、ニッチが重なれば、重なったところでは激しい競争が起こり、どちらか一種だけが生き残る。まさにゾウリムシの実験が示したとおりだ。つまり、ナンバー1になれるオンリー1の場所こそが、生物にとってニッチなのである。

そのため、世の中のすべての生物が、ナンバー1になれるニッチを探し求め、他の生物とニッチが重ならないようにニッチをずらしていく。これが「ニッチ分化」または「ニッチシフト」と呼ばれる現象である。

そして、ジグソーパズルのたくさんのピースのように、たくさんの生物によってニッチが埋められているのだ【図12】。

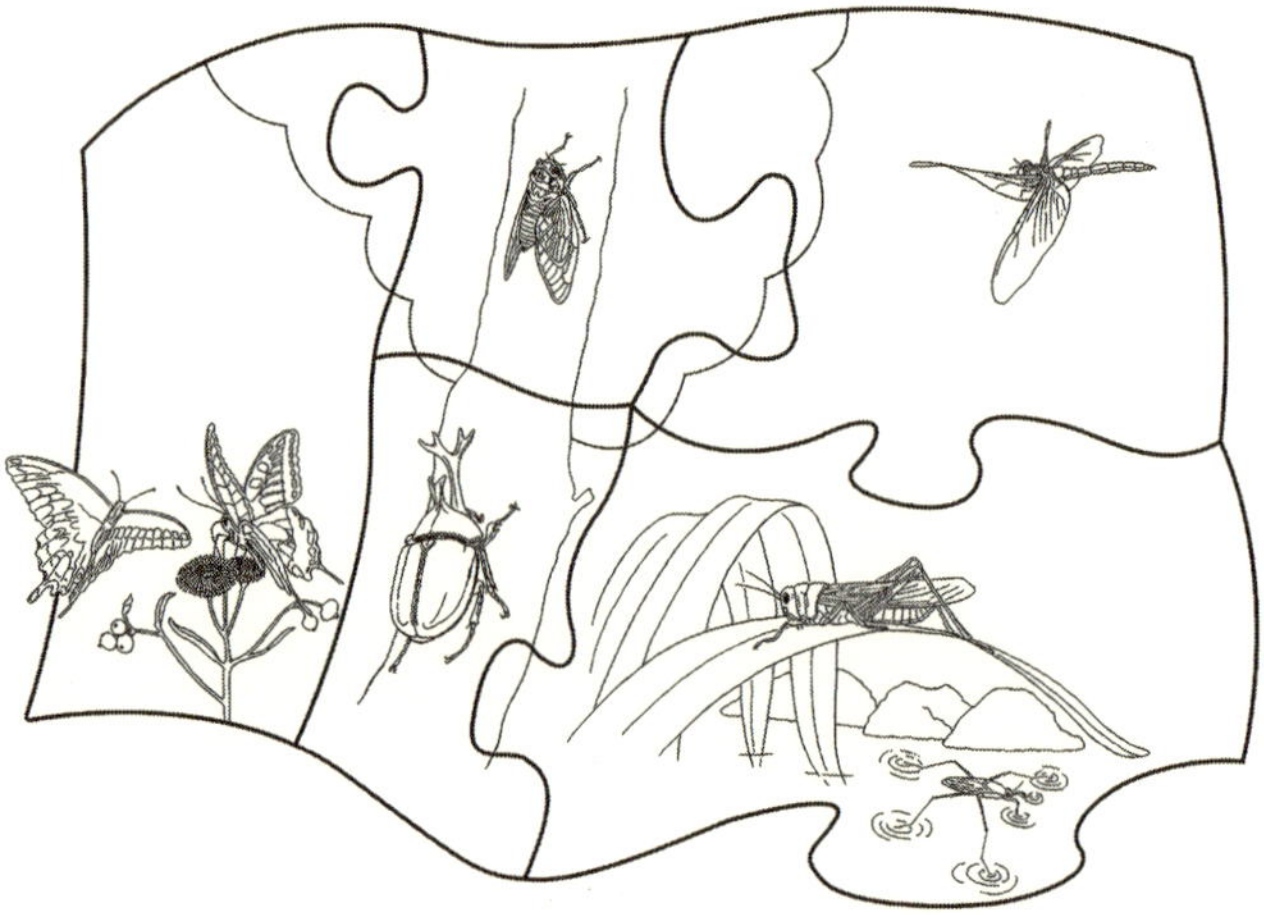

【図12】 すべての生物は自分だけのニッチを持っている。まるでジグソーパズルのように多くの生物によりニッチが埋められていく。

ニッチの条件を細分化する

どんな生き物も、ナンバー1になる場所がなければ生きていくことができない。

それでは、弱い生き物は、どのようにしてジグソーのピースを手に入れれば良いのだろうか。どんな生き物も、ニッチを得るためにはナンバー1にならなければならない。弱い生物はニッチを欲張ってはいけない。大きなピースを埋め込むことは難しいが、小さなピースであれば、はめ込むチャンスが生まれる。

たとえば、百獣の王として、サバンナでナンバー1になることは難しくても、他の動物が寝静まった夜に行動すれば良い。ただ、夜に行動する生き物は他にもいるから、それだけでナンバー1になることは難しい。そうであれば、他の生き物は見向きもしないような土の中のミミズを食べるニッチがある。それがサバンナのハリネズミのニッチである。このニッチでハリネズミはナンバー1である。

このように条件を小さく狭く、細かくすれば、限られたニッチの中でナンバー1になれるチャンスが生まれてくるのである。

オケラだって生きている

「ぼくらはみんな　生きている」の歌詞で歌いだされる子どもたちに人気の童謡「手のひらを太陽に（やなせたかし作詞・いずみたく作曲）」には、こんな歌詞がある。

ミミズだって　オケラだって
アメンボだって　みんなみんな生きているんだ　友だちなんだ

ミミズもオケラも、アメンボも、けっして強い生き物には思えない。

「○○だって生きているんだ」という言い方は、ずいぶん上から目線に思えるが、子どもたちから見れば、下等に思えるこれらの生物のニッチの選び方には目を見張るものがある。

彼らのニッチを見てみよう。

ミミズは、肉食でも草食でもない。土の中で土を食べるというニッチである。手も足もないミミズは、ずいぶんと下等なイメージがするが、そうではない。ミミズは、もともとは頭や足のような器官のある生物だったと考えられている。ところが、土の中で土を食べて棲むというニッチに合うように、さまざまな器官を捨てて、体の構造を単純化しているのである。

ケラ（俗称・オケラ）はどうだろう。

ケラもまた、地下で暮らすというニッチを選んでいる。ケラはコオロギの仲間である。しかし、地中にトンネルを掘って暮らすという生活を選んだことによって、他のコオロギと明確に差別化しているのである。

アメンボもまた、特殊なニッチを棲みかとしている。アメンボは、水の上に浮かんでくらしている。

地上にはたくさんの生き物がいる。水の中にもたくさんの生き物がいる。そこでアメンボは、水の中でもない、地上でもない、何とも絶妙なポジションを棲みかとした。そして、地上から水面に落ちてきた虫を食べるという、他の昆虫とは差別化したニッチを選んでいるのである。

「ミミズだって、オケラだって、アメンボだって」と子どもたちに歌われるこれらの生き物たちは、どれも優れたニッチを持つ戦略家たちなのである。

●コラム6　虫けら呼ばわりされる「オケラ」

ケラは「虫けら」に由来する名前である。

虫けらは漢字では、「虫螻」と書く。「螻」は昆虫全般を表す言葉で、取るに足らない虫という意味である。ケラは、まさに取るに足らない虫の代表のような名前をつけられてしまったのである。ケラは、漢字では、「虫螻」の「螻」に「蛄」をつけて、「螻蛄」と書く。

競馬やパチンコなどの賭けごとで負けて一文無しになってしまうことを「おけらになる」と言う。土の中に穴を掘って暮らしているケラは、シャベルのような大きな前脚を持っている。ケラをつかまえると、土の中にもぐって逃げようと、前脚をいっぱいに広げる。この姿がバンザイをしてお手上げをしている姿に似ていることから、「おけらになる」と言われるようになったのである。

また、ケラは土の中に潜るだけでなく、地面の上を走ったり、水面を泳いだり、飛ぶこともできる。ところが、いずれも上手ではないことから、多芸ながら秀でた芸がない人は「けら芸」や「おけらの七つ芸」とケラにたとえてバカにされた。

しかし、ケラが土の中に潜んでいるのは、外敵から身を守るためである。

とはいえ、どんな昆虫でも真似できるものではない。土の中に穴を掘って潜ることは、実際には簡単ではないのだ。よくSF映画やロボットアニメではドリルのついた乗り物が地中に深く潜っていくが、これではドリルと同じ直径の穴を掘ることはできても、本体がその穴を通って地中を潜行することはできない。穴を掘って進むためには、掘った土を後ろへ掻きだしていかなければならないのだ。地中を進むことは簡単ではないのである。

ケラは、前脚はギザギザがついた大きなパワーシャベルのようになっていて、掘った土を体の後ろへと送っていくのである。また、前脚には行く手を阻む草の根っこを切るカッターのようなトゲもついている。

頭は大きいが、体は細長く穴を通りやすい体型である。さらに体の前半分は鎧のように堅くなっていて、土をかき分けて進みやすいようになっているのに対して、下半身はやわらかいので掘った穴に滑り込むことができる。しかも下半身にはやわらかな毛が生えていて、体に土が付着するのを防いで、スムーズに穴の中を進むことができるようになっている。

これだけの工夫があるから、ケラは地中を自在に進むことができるのである。ケラのような生き物にとってもニッチを得るということは、これだけの工夫と能力を必要とすることなのだ。

不思議なことに、ケラの姿はモグラとよく似ている。ケラは英語では、「モールクリケット」という。これは「モグラコオロギ」という意味である。

昆虫のケラと哺乳類のモグラはまったく別の進化をたどってきたが、地中生活にもっとも適応した優れた形を追い求めた結果、最終的には、どちらも良く似た姿にたどりついた。このように種類は違っても、結果として良く似た形に進化する現象は「収斂進化」と呼ばれている。

モグラもケラも、土の中へ潜るという能力を高めた結果、ついに同じような機能美を手に入れたのである。

強者の戦略

ニッチとは、ナンバー1になれる場所である。

もちろん、ニッチが大きい生物もあれば、小さな生物もある。ニッチが大きいということは、ジグソーパズルのピースが大きいようなものだ。強い生物は大きなピースでパズルを埋めていく。とはいえ、ニッチはジグソーパズルのピースのように、大きさが定められているわけではない。すべての生物は自分のニッチを少しでも広げようとしのぎを削っている。

強者の戦略は決まっている。強い生物はあらゆる場所でナンバー1になることができる。そのため、どんどんとそのニッチを拡大していくのだ。弱者がどんなに新たなニッチを開拓しても、強者が次々に入り込んでくる。

まさにビジネスシーンの企業戦略と同じである。小さい企業が差別化を図っても、大企業が簡単に模倣して、シェアを奪っていくのである。それでは弱者は立つ瀬がない。弱者は、強者が真似できないようなニッチを見つけなければならないのだ。

もちろん、弱者である多くの生物が、強者には真似できないナンバー1となれるニッチを持っている。だからこそ、これだけ多くの生物が自然界に存在しているのである。しかし、もしナンバー1になれるような場所がなかったらどうすれば良いのだろう。

強者に真似されないようなニッチなど、見つけることができるのだろうか?

小さな土俵で勝負する

戦いに勝つには体が大きい方が圧倒的に有利である。

強者は強くあり続けるために、さらに体を大きくしなければならない。大きく強い者は多くのエサを手に入れて、ますます強くなる。小さい者はエサを奪われ、大きくなることはままならない。

そんな状況の中で、小さな弱者が巨大な敵に勝つことなどできるのだろうか。

たとえば、あなたが、巨大な敵と相撲を取ることを考えてほしい。あなたは、どのように勝負を挑むだろうか。無敗の横綱に勝つことは難しいだろう。しかし、もっと強大な敵であれば勝つチャンスがある。これはどういうことだろうか?

たとえば、ゴジラと相撲を取って勝利することは難しくないだろう。

土俵の大きさは、直径四・五五メートルと決められている。この限られた範囲であれば、ゴジラは土俵の中に立つことさえできない。

限られた小さい範囲であれば、小さい方が圧倒的に有利なのである。横綱とは相撲をとらざるをえないがゴジラとでは、そもそも相撲にならない。つまり、戦いを避けることができるのである。

生物の世界でも、小さければ、大きい生物が立ち入ることのできない穴や空間に暮らすことができる。強者と奪い合うほどのたくさんのエサも必要としない。

「小ささ」でもっとも成功したのは昆虫の仲間だろう。何しろ昆虫は種類が多い。現在知られている生物種は一七五万種だが、そのうち我々人類を含む哺乳類はわずか約六千種、植物は二七万種ある。これに対して昆虫は九五万種も存在している。これは、全動植物の半数以上である。それだけ、昆虫はニッチを得た成功者が多いということなのだ。

昆虫は体が小さいので、ニッチの条件も自然と細分化される。条件を細分化することでニッチが見つけやすくなることは、すでに紹介したとおりだ。そして、強者の立ち入ることのできないあらゆる場所を棲みかとすることができるのである。

つまり、大きな者に対しては、大きさで勝負するよりも、むしろ小ささで勝負をした方が良いのである。

「小よく大を制す」

中途半端に大きさを競うよりもじつは、小さいことこそが、弱者の強みでもあるのである。

ランチェスター戦略と生き物の戦略

弱者の戦略というと、ビジネスパーソンの中には、「ランチェスター戦略」を思い浮かべる方も多いだろう。このランチェスターの戦略は、生物の生き残り戦略ととてもよく似ている。ビジネスの世界も生物の世界も、真理は一つということなのだろうか。

ランチェスター戦略というのは、第一次世界大戦のころ、イギリスのエンジニアF・W・ランチェスターが発見した戦いの法則である。この戦略は、やがて産業界へ応用され、現在ではしのぎを削るビジネスの世界で「販売戦略のバイブル」と呼ばれるほど、重要視されているものである。

ランチェスター戦略は、二つの法則から成っている【図13】。

第一法則は、「一騎打ちの法則」と呼ばれるものである。たとえば、兵士が五人の軍隊と、兵士が三人の軍隊が一騎打ちで戦ったとすると、兵士の力が同じだったとすれば、三人が相討ちし、五人の軍隊の方が二人生き残ることになる。

一方、第二法則は、集団と集団の戦いを説明するものである。集団の場合は、個人ではなく集団の相乗効果があるため、強さが二乗される。そのため、兵士が五人の軍隊と兵士が三人の軍隊では、その強さは五の二乗の二十五と、三の二乗の九の差となる。もし、三人の軍隊の兵士が相討ちして全滅したとしても、強者の方は、二十五－九で十六が残る。これは四の二乗だから、結果として五人のうち、四人が生き残ることになる。

力の強い強者は、第二法則を選んだ方が、圧倒的な差で勝利することができる。そのため第二法則は強者の戦略と呼ばれている。

一方、弱者の立場に立てば、一騎打ちの方が被害が少ない。そのため、第一法則は弱者の戦略と呼ばれている。

【図13】　ランチェスターの戦略。一騎打ちで戦う「第一の法則」は弱者の戦略であり、一点集中すればより弱者に有利である（左）。集団同士の戦いである「第二の法則」（右）は強者の戦略と呼ばれている。

強者の戦略は単純である。

強者の戦略は、数にものを言わせて規模で戦ったり、弱者の戦略を模倣しながら、それを飲み込むようにシェアを拡大して同質化すればよい。これは、まさに生物の強者の戦略と同じである。

強者は競争に強いのだから、できるだけ競争に持ち込みたい。これは当然である。

弱者は競争に弱いのだから、できるだけ競争を避けなければならない。それでも、どこかで競争はしなければならない。弱者はどのように戦えば良いのだろうか。

第一戦略は弱者の戦略であると言われる。しかし、一騎打ちは被害が少ないと言っても、兵士の数が少なければ結局、勝つことはできない。

そのため弱者の戦いには工夫がいる。それが、局地戦に持ち込み、兵を集中させることである。敵の兵士が一人のところに、三人がかりで戦いに臨めば、勝利することができる。つまり、他のところでは戦わず、一点集中で戦う必要があるのである。それこそが、生物界では、ナンバー1になれる土俵に絞り込んで勝負するということなのである。

ところで、ランチェスター戦略では、強者とは市場占有率第一位を指している。そして、第一位以外の者は、すべて「弱者」と定義されている。つまり、ナンバー2もまた、弱者なのである。そんなバカな、と思うかも知れないが、これはナンバー1しか生きられないという自然界のしくみとも良く合っている。

ナンバー1しか生き残れない。しかしナンバー1になるチャンスは無数にある。

そしてナンバー1の条件は「誰にも負けない」ことではなく、「誰にもできない」ことなのである。

第四章　弱者必勝の条件

弱者は「複雑さ」を好む

小さなニッチに力を集中させれば、勝てることはわかった。しかし、と皆さんは思うだろう。さまざまな生物がニッチを奪い合って競っている。ということは、どんなに小さなニッチを求めたとしても、強い生物がそのニッチを奪ってしまうのではないだろうか、と。

戦国時代の戦を考えてみると、ただ広い平原で戦う場合は、兵士の数が多い方が勝ちやすい。しかし、山あり谷ありという複雑な地形であれば、少ない兵力でも勝てる可能性が出てくる。条件が均一でシンプルであれば、その条件で優劣が決まってしまう。しかし、条件が複雑になれば、有利になる条件を見つけるチャンスが増えるのである。

ルールがシンプルなゲームは、強い者が勝者となりやすい。たとえば、投げたボールのスピードを競うスピードガンコンテストというものがある。これは速球を投げる人が圧倒的に有利である。遅い球を投げる人は、勝ち目がないだろう。しかし、プレーが複雑な野球というゲームになると、必ずしも速球を投げる方が勝つとは限らない。速いストレートを投げるよりも、変化球などを組み合わせた配球が効果的なこともある。

ホームラン競争というシンプルなゲームでは、ボールを遠くまで飛ばすことのできるバッターが勝つ。しかし、実際の野球のゲームになれば、ホームラン競争に強いバッターの揃うチームが、必ずしも勝つとは限らない。バントや盗塁のできる選手がいるチームの方が得てして試合巧者である場合が多い。

オリンピックの種目でも極端な話、一〇〇メートル走しかなかったとしたら勝者は一人だけである。しかし陸上競技だけでも、中距離走や長距離走もあれば、マラソンもある。フィールドを見れば砲丸投げも走り高跳びもある。陸上競技以外にも、柔道やアーチェリー、乗馬、水泳、バスケットボールなどさまざまな競技がある。だからこそ、ナンバー1の勝者は一人ではない。さまざまな人が勝者になれるのである。

オリンピック競技は三五競技と決められているが、複雑な自然界のニッチの多様さは限りない。弱者が強者に勝つには、条件が多様で複雑であることが大切なのである。

弱者は「変化」を好む

熱帯雨林のように、資源が豊富で環境が多様なところでは、さまざまなニッチが存在する。そして、さまざまな生物が勝者となり、生存できるのである。

それでは、もし置かれている環境が、きわめて単純な場所であったとしたらどうだろう。弱者

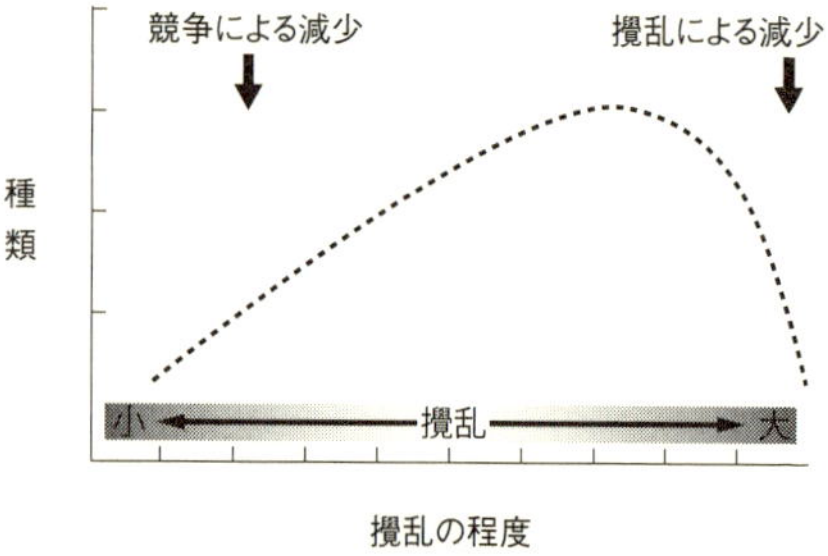

【図 14】 コネルの「中程度攪乱仮説」。変化が少ない時（左）は強者が生き残り生物の数は減る。一方、環境変化の大きい攪乱期（右）も、生息できる数は減少する。

にとって、もう望みはないのだろうか。

一九七八年にアメリカの生態学者コネルが提唱した「中程度攪乱仮説」が示したグラフは、じつに示唆的である【図14】。

図は横軸に攪乱の程度を表している。「攪乱」というのは、「かき乱す」という意味で、環境の変化を表す言葉である。つまり、右へ行くほど、環境が大きく変化しているということになる。一方、縦軸はその環境で生息する生き物の種類を表している。

図の右側の部分を見ていただきたい。右へいけばいくほど、つまり変化が大きくなればなるほど、生息できる生き物の数は少なくなる。これは、よくわかる現象である。変化が大きすぎると、生物は変化に対応できなくなってしまうのである。

それでは、左側の部分はどうだろう。図の左側の部分を見ると、攪乱程度が小さくなっても、やはり生息できる生物の種類は少なくなる。

変化がないということは、平穏な環境であるはずである。それなのに、どうして、変化が少ない環境では、生息できる生物の種類は減少してしまうのだろうか。

安定した環境では、激しい競争が起こる。そして、強い者が生き残り、弱い者は滅びていく。そのため、結果的に、生息できる生物の数は減ってしまうのである。

一方、ある程度、攪乱がある条件では、必ずしも強いものが勝つとは限らない。攪乱によって環境が変化し、様々な環境が生まれる。このような複雑な環境がたくさんのニッチを生み、激しい競争社会では生存できないような、多くの種類の弱い生物が生存の場を得ることができるのである。そのため、攪乱がある方が、生息できる生物の種類は増えるのである。

つまり、この図は、安定した環境よりも、変化のある不安定な環境の方が、多くの弱者にとってチャンスがあることを示しているのである。

「最悪」の条件こそ「最高」である

変化が大きく不安定な環境はけっして生育に適した条件とはいえない。しかし、弱者にとって、複雑で、変化の大きいことはチャンスである。

サッカーの試合を例に考えてみよう。

天気は快晴、風はなく晴れ渡っている。最高の状態に整備された芝生のピッチ、スタンドを埋め尽くす満員の観衆。こんな環境でサッカーができれば最高だと、サッカーをしている人ならば、誰でも思うだろう。いや、サッカーのできない人でも、一度はそんなピッチに立ってみたいものだ。

しかし、である。こんな最高の条件で、トッププロのJリーグチームと、素人の集まった弱小の草サッカーチームが対戦したとしたら、どうだろう。

おそらく一〇〇回試合をしたとしても、草サッカーチームが勝つことはけっしてない。恵まれた条件では、両者が実力を発揮できる。そうだとすれば、実力どおり必ず「強い者が勝つ」ことになってしまうのだ。それでは、どのような条件であれば、草サッカーチームが、プロのJリーグチームに勝つことができるだろうか。

たとえば、大雨が降ったとしたら、どうだろう。バケツをひっくり返したような大雨でピッチはドロドロ。風も強くてボールがどっちへ転がっていくかわからない。その上、霧も出てきて、誰が味方で誰が敵かもわからない。誰も、こんな状態でサッカーをやりたいとは思わない。

しかし、こんな最悪の条件で試合をすれば、もしかすると草サッカーチームが勝つかも知れない。勝てなくても引き分けに持ち込むことができるかもしれない。

この草サッカーチームが、練習場所に恵まれず、いつも風の強い中で、水はけの悪いドロドロのグランドで練習をさせられていたとしたら、プロに勝てる可能性が高まるのではないだろうか。

劣悪な条件は、誰にとってもいやである。しかし、弱者にとっては、それこそが強者に対抗し勝者となれる大きなチャンスなのである。

新たなニッチはどこにある

こうして、さまざまな生物が自分自身のニッチを持っている。そして多くの生物のニッチによって自然界は埋め尽くされているのである。

それは、まるで椅子取りゲームのようなものだ。一つの椅子には一つの生物しか座ることができないから、あらゆる生物が常に椅子を奪い合っている。

それでは、新たなニッチというものはあるのだろうか。

残念ながら、長い生物の歴史の中で、ジグソーパズルのピースは全てはめられて地球上のほとんどのニッチがすでに埋められている。

たとえばオーストラリアでは哺乳類は有袋類の祖先しか存在しなかった。そのため有袋類の祖先は、他の哺乳類との競争もなく、ジグソーパズルを埋めるように進化を遂げていったのである。その結果、どうだっただろうか。

他の大陸ではシカなどが占めている大型草食動物のニッチを埋めるようにカンガルーが進化した。ネズミのニッチにはフクロネズミが、モモンガのニッチにはフクロモモンガが進化した。そして、オオカミのような肉食獣のニッチにもフクロオオカミが進化した。さらに、モグラのニッチにはフクロモグラが進化を遂げ、特異的に思えるナマケモノのニッチにさえ、コアラが進化し

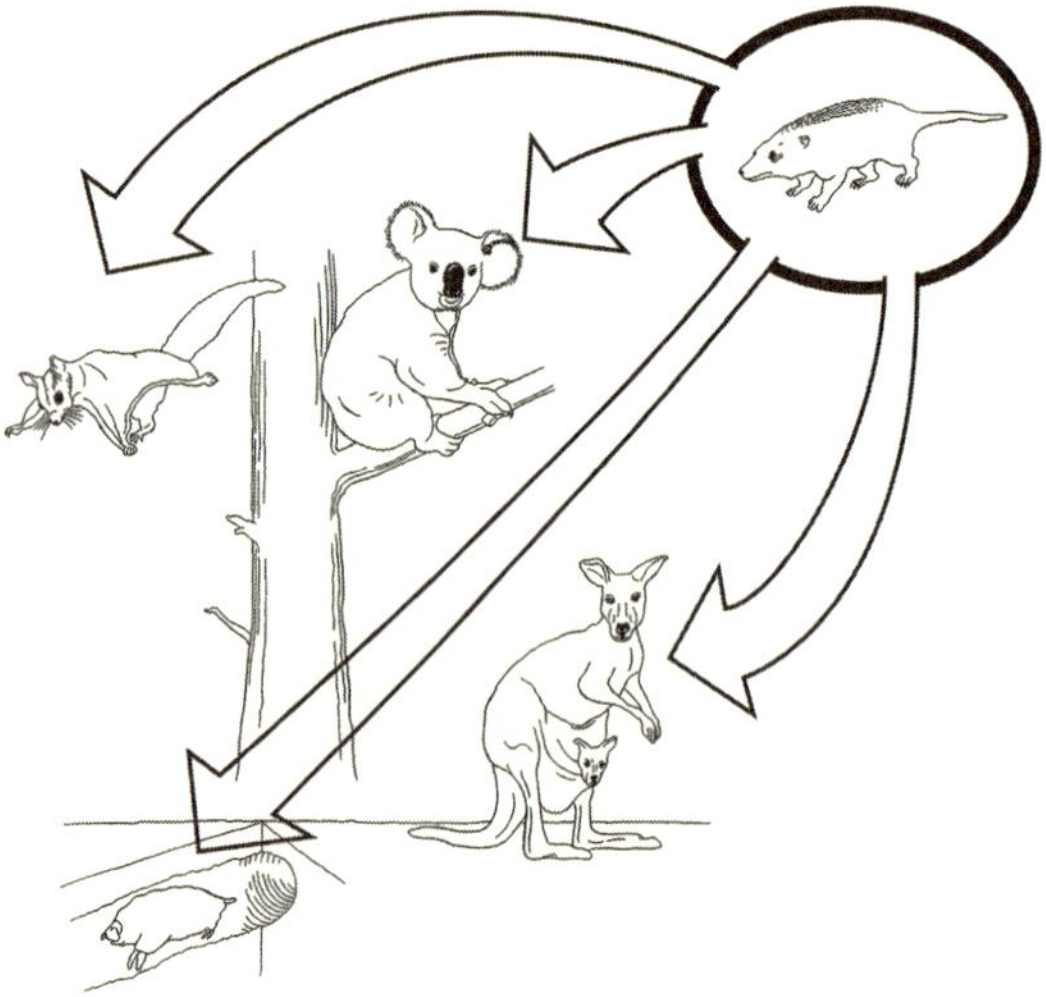

【図15】　オーストラリアではもともと哺乳類は有袋類の祖先しかいなかった。結果、有袋類が進化しさまざまなジグソーを埋めていった。

たのである【図15】。

こうして、有袋類しかいなかったにもかかわらず、それぞれの環境にそれぞれのナンバー1が進化して、他の大陸のさまざまな生物と同じように多様な生物が出現したのである。

まさに、椅子取りゲームのように、空いているニッチは、速やかに埋められていく。そのため、生物の多様な自然界では、空白は残されていないのだ。

もし、新たなニッチを手に入れようとすれば、結局、競争して他の生物からニッチを奪いとるしかない。やはり競争と戦いが必要になってしまう。

しかし、ニッチはその生物が圧倒的なナンバー1を誇っているから、新たなニッチを奪うのは容易なことではない。現状では、ある種の生物が絶滅をして空白域ができると、新たなニッチとして、そのニッチが他の生物で埋められる。まさに他力本願なのだ。

それでは、この世の中に新たなニッチを生み出すことはできないのだろうか。

もし、椅子取りゲームの椅子が新たに置かれるとすれば、それは大きな変化が起こったときである。洪水や山火事など大きな変化は全ての生物にとって大きな脅威である。しかし大きな変化はニッチが空白となり、新たな椅子が置かれるチャンスでもある。その椅子を見つけて素早く座るということも有力な戦略だろう。

しかし、弱者はその椅子に長く座っていることはできない。そうだとすれば、新たな椅子を狙う戦略を選ぶ者は、常に変化を求め続け、新たに置かれる椅子だけを狙い続けるということになる。じつは弱い生物の中には、そんな変化をチャンスと捉えて生き抜いているものも少なくないのである。

パイオニアという生き方

新しくできた空き地に小さな雑草がたくさん生えている。

じつは、新しくできた環境は、強者がすぐには入り込めないニッチである。環境が破壊された不毛な土地は、土の表面が露出しているので土が乾燥しやすい。また、栄養分も少なく土地はやせている。けっして植物が生えるのに適した場所ではないのだ。

強者たる植物も、そんな場所ではとても実力を発揮することはできない。そんな不毛な土地こそが、弱い植物である小さな雑草の生存のチャンスの場なのである。

もともとあった自然が破壊された環境に、最初に生える植物は植物学では、「パイオニアプランツ（先駆種）」と呼ばれている。つまりは「開拓者」なのである。

先駆的なパイオニアが生える土地は、けっして恵まれてはいない。土は固く、根の成長を妨げる。水や栄養分も足りない。しかし、そんな環境でパイオニアプランツは成長を遂げていく。やがて、パイオニアプランツが根を張ることで土は細かくなり、通気性や保水性が改善されていく。また、枯死した茎や葉は分解されて肥料になり、土を豊かにしていく。そして、そこには次第に多くの昆虫や小生物が棲みつき、だんだんと豊かで棲みやすい土地になっていくのである。

しかし、不毛の土地を開拓したパイオニアたちは、そこに楽園を築くことはできない。このようなパイオニアプランツの繁栄は長くて数年である。パイオニアプランツが生存し、豊かになった土地には、次々と力のある植物が侵入してくる。そうなれば、競争に弱いパイオニアたちは追いやられてしまうのである。やがて緑に覆われ、生き物たちの楽園になった環境には、パイオニアたちの暮らすニッチはない。

先駆けるのがたいへんなのは雑草も人間も変わらない。しかし、それで良いのだ。パイオニアたちは、すでに他の植物が入り込んだ土地には未練を残さずタネを飛ばす。パイオニアプランツの種は風で移動するものが多い。そして、再び、新たな未開の大地に速やかに侵入してニッチとするのである。

それが強者に真似のできないパイオニアの生き方である。まさに挑戦し続けることを宿命づけられているのだ。

もちろん、簡単ではない。しかし、他の植物が生えることのできない、まっさらな大地に大いなる夢を描いて芽を出すパイオニアの生き方には、どこか美学も感じられる。そんな弱者の戦略である。

ニッチはとどまらない

パイオニアは、環境が破壊され、新しくできた土地を常に追い求める。パイオニアにとっては、自分の居場所は一カ所にとどまるわけではなく、常に変わっていくことになる。

パイオニアの例に見るように、ニッチとは、場所を表す言葉ではなく、その状態を表す言葉である。自分の居場所が常に同じ環境であるとは限らない。環境が変われば、そこが自分の居場所ではなくなってしまうのである。

競争に強い強者は、安定した環境をニッチとしている。そのため、居場所が変わるということは少ない。

一方、弱者は強者の進出しにくい不安定な環境をニッチとすることが多い。そのため、一つの場所にとどまるのではなく、常に変化した場所を求めて動き続けるのである。

水が低いところ低いところに向けて流れるように、生物もまた、自分に適した環境を求めて常に動いていくのである。

外来植物が増えている理由

植物の世界では、外国からやってきた外来雑草が増えてきている。しかし今まで紹介してきたように自然界のすべてのニッチは埋め尽くされているはずである。新参者である彼らは、どのようにして、新たなニッチを獲得しているのだろうか。

56ページでは西洋タンポポと日本タンポポの例を紹介した。すでに紹介したように、西洋タンポポは、日本タンポポのニッチを奪えているわけではない。日本タンポポが生えているような草むらに、西洋タンポポは生えることができないのだ。

それでは、どうして私たちのまわりで西洋タンポポが増えているのだろうか。

西洋タンポポが生えるのは、道ばたや街中の公園など、新たに造成された場所である。このような場所は、土木工事によって日本タンポポが生えていたような自然は破壊されている。こうして大きな変化が起こり、空白となったニッチに西洋タンポポが侵入するのである。

よく、西洋タンポポが日本タンポポを駆逐しているように言われるが、日本タンポポの生息場所を奪っているのは、人間なのである。

西洋タンポポ以外にも、外国からやってくる外来雑草の多くは、人間がもともとあった自然を破壊してできた新たな場所にニッチを求める。そのため、埋立地や造成地、公園、新興住宅地、道路の法面《のりめん》、河川敷などを棲みかとしているのだ。

外来雑草も、祖国の環境と異なる日本という新天地では、アウェイの不利な戦いを強いられた弱い存在である。そんな弱い外来雑草が増えているということは、私たちがそれだけ自然界に大きな変化を起こし、外来雑草にチャンスを与えているということなのである。

大きな変化は新たなニッチを創出する。そして変化が大きければ大きいほど、弱者のチャンスもまた大きくなるのである。

第五章　Rというオルタナティブ戦略

これまで見てきたように「戦略」という言葉は、けっして人間だけに当てはまるものではない。本書でも多用しているように、生物の生存にはさまざまな戦略が満ちている。「戦略」という言葉は、生物学にとっても学術的な専門用語なのだ。

本章では、弱者の戦略の視点を中心に、生物学において生物の戦略をどのように体系化しているのかを見ていくことにしよう。

一、植物の戦略

植物のＣＳＲ戦略

まずは、植物の戦略を見てみよう。

英国の生態学者であるジョン・フィリップ・グライムは、植物の成功戦略を三つに分類した。

それがCSR戦略と呼ばれるものである。

CSRというと、企業の社会的責任（corporate social responsibility）を思い浮かべるかも知れないが、植物のCSRは、違う。CSR戦略というのは、植物の成功戦略には、C、S、Rという三つの戦略があるというものである。

C戦略は、「Competitive：コンペティティブ（競争型）」と呼ばれるものである。

何度も言ってきたように、自然界は弱肉強食の世界である。強い者が生き残り、弱い者は滅びゆく。植物たちもまた、常に激しい生存競争を繰り広げている。そんな激しい競争を勝ち抜くことで成功する植物が「競争型」である。つまり、C戦略は、強者の戦略なのである。

競争社会で競争に強いことは、必要な条件のように思える。しかし読者の皆さんはこれまで見てきたように、競争に強いことだけが成功の条件ではないことを御存知であろう。

じつは、熾烈な競争を繰り広げる植物の世界で、必ずしも強い植物であるC戦略が成功するとは限らないところが、自然界の不思議なところである。

それでは、強者であるC型以外の成功とは、どのようなものがあるのだろうか。

弱者の勝負どころ

恵まれた環境では、強い者が勝つ。だから、強者が力の発揮できない条件の悪い環境をニッチとして選んでいるのが、S戦略とR戦略の植物である。

CSR戦略の二つ目であるS戦略は、「Stress tolerant：ストレス・トレラント（ストレス耐性型）」と呼ばれるものである。

「ストレス」という言葉は、何も現代社会に生きる私たちだけのものではない。植物にもストレスは存在する。植物にとってのストレスとは生育に対する不良な環境のことである。たとえば、水が不足したり、光が不足したり、温度が低いことなどは、植物にとってストレスとなる。このような環境では、競争に強い植物が勝つとは限らない。とても競争をしている余裕などないのだ。このようなストレス環境に耐える力を持ち、過酷な環境をニッチとしている植物がS戦略なのである。たとえば、砂漠に生きるサボテンや、氷雪に耐える高山植物は、S戦略の典型である。

植物のRという戦略

とはいえ、砂漠や高山をニッチにするというのは、いかにも特殊な戦略である。弱者は、砂漠や高山に追いやられるしかないのだろうか。そこで注目すべきは、「R」という戦略である。

R戦略は、「Ruderal：ルデラル型」と言われている。「ルデラル」というのは荒野に生きる植物という意味である。「ルデラル型」は日本語では「攪乱耐性型」と訳されている。

このタイプは環境の変化に強く、予測不能な激しい環境に臨機応変に対応する。このRタイプの典型が、私たちの身の回りで最も成功を収めている「雑草」と呼ばれる植物群である。第一章で紹介したように、強いイメージのある雑草だが、じつは雑草は他の植物との競争に弱い植物なのである。

予測不能な撹乱環境は、どんな植物にとってもいやなものである。そんな環境では、とても植物どうしの競争などしていられない。特に競争力のある強い植物にとっては、競争できないような不安定な環境は、けっして好ましいとは言えないだろう。

しかし、撹乱によって変化がもたらされる環境には、小さなニッチが多く生まれる。弱い植物にとっては、この予測不能な環境の変化こそが、待ちに待ったチャンスなのである。

二、生物の繁殖戦略

生物のｒＫ戦略

植物のＣＳＲ戦略に対して、昆虫や動物の繁殖戦略に、「ｒＫ戦略」がある。ｒとＫは、生物の増加を表すロジスティック式の係数である。生物の個体群増加速度は、次のロジスティック式で表される。

rN（1－N/K）

Nは個体数を表していて、Nが高いほど、個体群増加速度は高くなる。rは、増加率を示している。rは率を表す rate の頭文字である。rが高ければ、個体群増加速度は高くなる。

一方、Kは環境収容力を表している。環境収容力とは、食べ物や生息空間などが制限されているある環境で生存できる、生物の個体数の最大値を意味している。Kと個体数Nが同じ値だと、生物の個体群増加速度はゼロになってしまう。また、Kよりも個体数Nが多くなれば、個体群増加速度はマイナスになる。環境収容力を超えれば、個体数は減少するのである。そのため、個体群増加速度を大きくするためには、環境収容力が大きくなればいい。

つまり、個体群増加速度を高めるためには、rやKの値を大きくすれば良いのである。

rの増加率を増やすためには、卵や子どもをたくさん産めば良いということになる。また、繁殖のスピードを早めて、何度も何度も卵や子どもを産めば良い。

それでは、Kはどうだろう。

Kは環境によって定められた最大値なので、環境を変えない限りKを高めることはできない。生物にできることは、上限であるKの値いっぱいの個体数になるように、生存率を高めて個体数を減らさないことである。

生存率を高めるためには、簡単に死なないような強い子どもを作ることが大切である。しかし、話は単純ではない。

ｒを高めようとして、卵や子どもの数を増やそうとすれば、一個あたりの卵はどうしても小さくなるし、一匹一匹の子どももどうしても小さく弱くなってしまう。Ｋの個体数を満たすのに必要な、生存率が下がってしまうのである。

そこで生存率を高めようと、栄養分を分け与えて大きな卵や大きくて丈夫な子どもを産もうとすれば、どうしても卵や子どもの数は少なくなってしまう。さらに生存率を高めるために、親が卵を守ったり、子育てをしようとすれば、面倒を見ることのできる卵や子どもの数は限られるし、何より子守りをしている限り、次の繁殖をすることができない。

ｒを高めればＫは低下してしまう。一方、Ｋを高めようとすればｒを犠牲にせざるを得ない。つまり、あちらを立てればこちらが立たず、になってしまうのだ。「弱くても小さな卵をたくさん産む」か、「強くて大きな卵を少し産む」か、すべての生物はこのジレンマに悩まされているのである。

このように、増加率を優先する選択がｒ戦略、生存率を優先する選択がＫ戦略と呼ばれているのである。

一般に、哺乳類や鳥類は、少ない子どもをしっかりと育てるＫ戦略の傾向が強い。もちろん人間もこちらに含まれる。これに対して、魚類や昆虫はたくさんの卵を産むｒ戦略の傾向が強い【図16】。

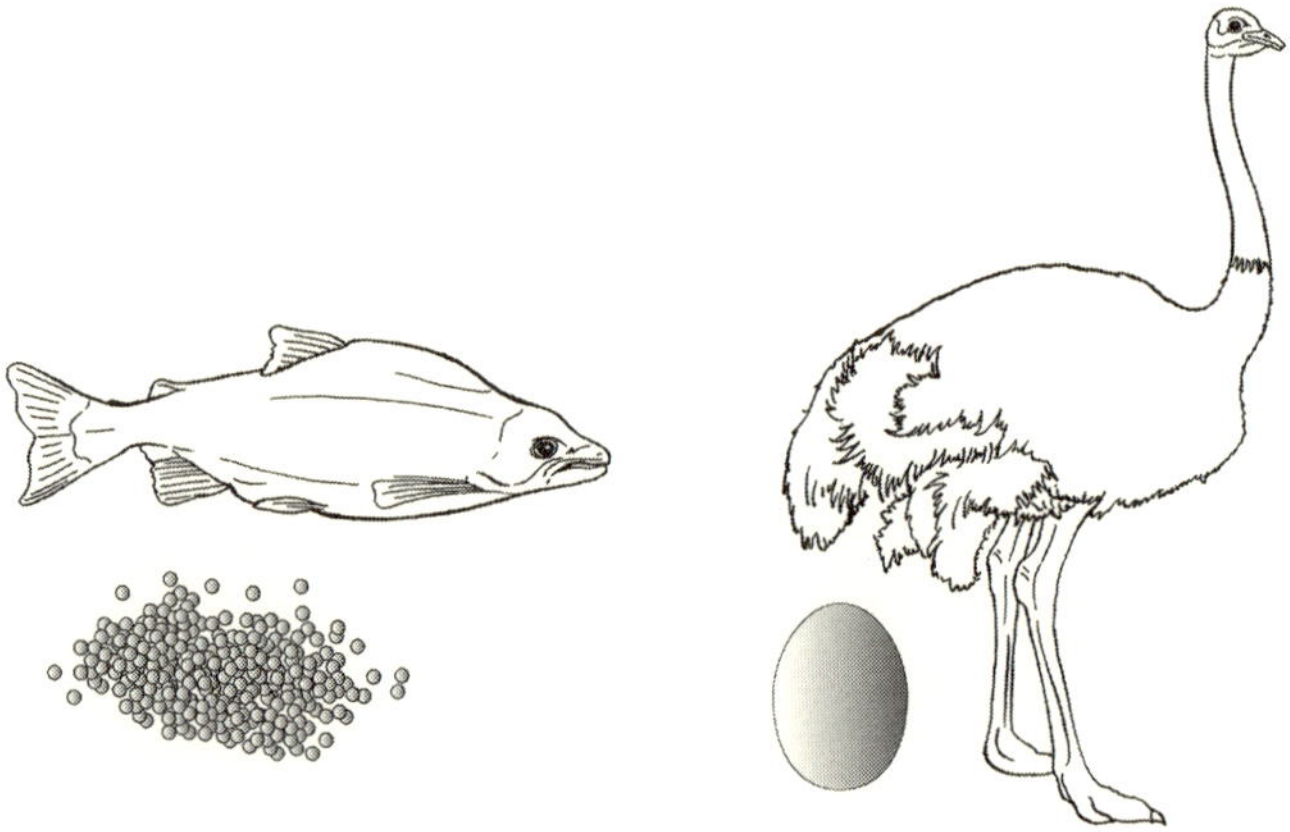

【図16】 少産のK戦略（右）と、多産のｒ戦略（左）。

このように大まかには決まっているものの、すべての生物は、限られた栄養分で、卵や子どもの数をどれくらいにするかという判断を迫られている。卵や子どもの数を増やすｒ戦略か、卵や子どもの数を減らして一つ当たりを大きくするK戦略を選択しなければならないのだ。ｒ戦略とK戦略のどちらを選ぶべきかは、生物の種類によって異なる。

たとえば、哺乳類の中でもネズミのように、たくさんの子どもを産むものもいるし、魚類でもサメのように、卵をお腹の中で孵《かえ》して、少数の大きな子どもを産むものもある。

食う食われるの関係では、食われる生き物は、食われることによって生存率が下がるので、生存率を維持しようと無駄な努力をするよりも、繁殖率を高めて、食べられても食べられてもどんどん増える方を選択した方が賢い。一方、サメのように敵の少ない生き物は、親がしっかりと保護した方が、生存率が高まる。このように、天敵が多いか少ないかはｒＫ戦略の選択に影響を及ぼす。

それでは、食う食われるの関係はなく、互いに競争関係にある場合はどうだろうか。ｒ戦略とＫ戦略では、どのような違いが出るのだろうか。そして、競争に弱い「弱者」はどちらの戦略を選ぶべきなのだろうか？

ｒとＫのどちらを選ぶか

互いに競争関係にある二種の生物が、それぞれｒ戦略とＫ戦略を選択したと仮定してみよう。

最初はｒ戦略者がものすごい勢いで増えていくが、環境の中で収容される個体数は決まっている。すると体が大きく生存率の高いＫ戦略者がじわじわと増えてくる。そして、ついにはｒ戦略者を圧倒してしまうのである。

では、Ｋ戦略の方が有利であれば、Ｋ戦略を選択してみたらどうだろう。両方ともＫ戦略である場合を比較してみよう。

Ｋ戦略は生存率を高めるために、十分に力を持った卵や子どもを産み、育てる。となると後は、力の差が生存率の差ということになる。つまり力のある方が生き残り、力のない方は競争に敗れて滅びてしまうのである。じつは、Ｋ戦略は強者に有利なのである。

Ｋ戦略では、強い者が勝つ。それでは弱者は、どうすれば良いのだろうか。

じつはＫ戦略よりもｒ戦略の方が有利なケースがある。それは環境が不安定である場合だ。安定した環境条件では、生存率が高い方が良い。しかし、予測不能な変化が起きると、生存率は下がってしまう。そして、そんな不安定な環境では、繁殖力が強く、いち早く数を増やすことのできるｒ戦略が有利なのである。

このようなｒＫ戦略は、じつは動物だけではなく、植物にも当てはまる。不安定な環境に生える雑草のような植物は、小さな種子をたくさん作るｒ戦略者である。一方、安定した森に生える木々は、大きな種子を少しだけ作るＫ戦略者なのである。

環境によって変化する

ｒ戦略かＫ戦略かは、生物の種類によって決まっているというものでもない。

同じ種類であっても安定した環境では、卵や種子の数を減らして大きくする方が有利であり、変化しやすい不安定な環境では、小さくとも卵や種子の数を増やす方が有利である。そのため、昆虫や魚では、同じ種類であっても大きな卵を産むものや小さな卵を産むものの両方が存在していたり、季節によって卵のサイズが変化することがある。

植物でも同じような例はある。草笛になることからピーピー草の別名があるスズメノテッポウは、田畑に生える雑草である。耕される田畑に生えるという点では、たくさんの種子を作るｒ戦略の傾向がある。しかし、その中でも環境に応じて、種子の大きさを変化させている。

じつは、スズメノテッポウには、田んぼに生えるタイプと畑に生えるタイプとがある。田んぼに生えるタイプは、種子が大きい代わりに種子数が少ない特徴がある。そして、畑に生えるタイプは、種子が小さく種子数が多いのである。どうしてこのような違いが見られるのだろうか。

田んぼは、いつ頃耕すかが毎年おおよそ決まっている。耕されるという環境の変化は大きいが、耕されるまでに花を咲かせて種子を落としてしまえばいいから、変化が起こる時期が決まっているという点では、比較的、安定した環境なのである。そのため、少しでも競争力が高まるように、大きな種子を作るのである。

一方、畑はどんな作物を作るかによって、耕す時期がさまざまである。自分が成功したからといって、子どもが同じ方法で成功できる保証はまるでない。そのため、たとえ小さくともたくさんの種子を作って、可能性に懸けるのである。

厳しい条件ではどちらを選ぶか？

より厳しい条件では、生物はｒ戦略を選んだ方が有利な傾向にある。ところが不思議なことがある。

南極に棲むペンギンは、卵を一個しか産まない。他の鳥類は数個の卵を産むのが一般的だから、ペンギンは鳥類の中でもK戦略の傾向が強いのである。

安定して恵まれた環境ではK戦略が有利なのに対して、変化が大きい不安定な環境ではr戦略が有利だと紹介した。それなのにどうして、厳しい環境に暮らすペンギンはK戦略を選択しているのだろうか。

小さな卵では、南極の環境を生き抜くことができないというのは理由の一つである。しかし、ペンギンが卵一個という極端なK戦略を選択しているのには、もう一つ理由がある。

じつは南極というのは、不安定な環境ではなく安定した環境なのである。たとえ、マイナス六〇℃にまで気温が下がろうと、たとえ暴風雪が吹きすさんだとしても、それは毎年のことで、つまりは予測されたことなのだ。南極の環境は安定して厳しいのである。

勘違いしてはいけないのは、r戦略が有利な不安定な環境というのは、予測不能な環境のことである。たとえ、それが厳しい環境であったとしても、予測される安定した厳しさであったとすれば、やはりK戦略の方が有利になるのである。

「R」という弱者の戦略

植物のR戦略と動物や昆虫の繁殖のr戦略は、それぞれ異なる研究から導かれたものである。

また、植物のR戦略の「R」は、既に述べたように荒地の植物を意味する頭文字であるし、繁殖戦略の「ｒ」は増加率を表す係数であることから、意味することは、それぞれまったく異なる。しかし、偶然にもＲ戦略もｒ戦略も「弱者の戦略」という点で共通している。

最後に、Ｒ戦略とｒ戦略の視点から、弱者の戦略を整理してみることにしよう。

前章で紹介したように、複雑な環境は弱者にとって有利である。そして、予測不能な環境は複雑さを生む要因となる。予測不能な環境は、けっして恵まれた環境であるとは言えない。しかし、この「恵まれていない環境であること」が弱者にとって、武器となるのである。

そんな予測不能な環境に抵抗したのが、Ｒ戦略であった。そして、予測不能な環境での繁殖戦略としてはｒ戦略が適していた。

ｒ戦略は小さくとも、たくさんの卵や種子を作る戦略である。そして、その卵や種子はできるだけ性質が多様であることが望ましい。せっかくたくさんの卵や種子を作っても、そのどれもが同じであったとしたら、一つがその環境に適応できないと、全滅してしまうことにつながりかねないのだ。つまり、数と種類の多さが勝負の決め手となる。

他にも特徴がある。ｒ戦略はとにかく「スピード重視」である。まず、成長が早い。早く卵や種子を生産できる大人になることが、繁殖率を高めるために重要だからである。

スピードを重視し、小さな種子をたくさん作るという特徴は、Ｒ戦略の傾向が強い植物に見られる戦略でもある。「Ｒ戦略」も「ｒ戦略」も、その戦略は共通しているのだ。

何しろ予測不能な環境である。いつ何が起こるか、まったくわからない。そんな環境では、ゆっくりと物事に取り組んでいる暇などないのである。
「多様性」と「スピード」。これこそが、「R」の文字に見る弱者の戦略のキーワードなのである。

短い命に進化する

R戦略の植物やr戦略の生物は、寿命が短いという特徴もある。たとえば、ルデラルのR戦略の代表である雑草は、一年以内に花を咲かせて枯れてしまうものが多い。長くても数年がほとんどだ。

植物は、その気になれば大木となり、何百年も生き続けることができる。中には千年以上も生きている木もあるくらいである。ところが、植物は長生きする大型の木本《もくほん》から、短命な小型の草本《そうほん》が進化をした。どうして何百年も生きることのできるはずの植物が、進化の結果、短い命を選択したのだろうか。

予測不能な変化が起こる環境では、ある一つの方法で成功したからと言って、次もまた同じ方法で成功するとは限らない。また、環境が変化をすれば、環境に合わせて生物も変化をしていかなければならないが、環境の変化に合わせて変化を遂げることは簡単ではない。

成功した個体が長生きするよりも、多様な性質を持つ卵や種子を作って、世代交代を早める方が、新たな環境に適応していくことができるだろう。そのため、予測不能な環境に生きる生き物は寿命が短いのである。

雑草のようなR戦略やr戦略の生物が、短い命に進化した理由もまさにここにある。長すぎる命は天命を全うすることができない。そこで、天命を全うするために短い命を選択したのである。命の輝きを保つために、生命は短くも限りある命に価値を見出したのである。

第六章　「負けるが勝ち」の負け犬戦略

タカ派とハト派はどっちが強い？

激しい競争は、異なる生物の間だけに起こるわけではない。同じ種類の生き物の間でも、互いに激しく競い合っている。そして、そこでもやはり強い者が勝ち、弱い者が負けるのである。強い者が生き残る自然界では、生き物たちは、覇権をめぐって争い合う。では、生き物にとって、激しく戦うことは得なのだろうか、損なのだろうか？

これを説明するのが、進化生物学者ジョン・メイナード・スミスの「タカ派とハト派のゲーム理論」である。

同じ種類の生物の中にも、さまざまな性格を持つ個体がある。好戦的なタカ派は、相手と闘争し、どちらかが怪我をして動けなくなるまで徹底的に戦う。これに対して戦いを好まないハト派戦略は、相手が自分より強そうだと思えば、戦わずに引き下がる【図17】。果たして、争いを好むタカ派戦略と争いを避けるハト派戦略は、どちらの戦略が有利なのだろうか。

争いに勝って得られる利益をb、戦いに負けてこうむる被害をcとする。

タカ派とハト派が戦う場合、タカ派はすべてのものを得られるが、ハト派は引き下がるのでダ

【図 17】「戦わない」ことを選ぶハト派戦略。一方、好戦的なタカ派は、相手が動けなくなるまで戦う（左）。むやみやたらと戦わない方が得なのである。

メージが少ない。この場合、タカ派はb点、ハト派は被害もないので0点となる。

タカ派とタカ派が戦う場合、勝率は五分五分とすると、タカ派の期待値は（b−c)/2となる。

ハト派とハト派が戦う場合、勝者はb点を得られるが、敗者は引き下がるので被害は少ない。そのため期待値はb/2となる。

自然界で戦いに勝って得られる利益は少ない。そこで勝って得られる利益を1点、負けた場合の被害を5点と想定する。タカ派がハト派から得られる点は1点、タカ派とタカ派の場合は勝った場合の1点と負けた場合のマイナス5点を平均してマイナス2点となる。タカとハトが同じ数だとすると、期待値はマイナス1点となる。

ハト派はタカ派と戦った場合、利益は0点であるが、ハト派どうしの場合は、勝てば1点だが、勝率5割と考えれば、期待値は0.5点となる。こう考えると、単純にタカ派とハト派が同じ数だとすれば、タカ派はマイナスになり、ハト派はわずかながらプラスになる。

もっとも実際には、ハト派が多ければ、タカ派が有利である。しかしタカ派が有利だからと言って、タカ派が増えるとタカ派どうしの戦いが増えてダメージが大きい。そのため、シミュレーションをすると、タカ派は、一定程度は存在するが、ハト派が多い状態で平衡状態になる。つまり戦わないハト派が多数派となるのである。

戦うことは、負ければ損害は大きすぎるし、勝っても損害は免れない。生き残ることが重要だとすれば、むやみやたらに戦うよりも、徹底的に「戦わない」ことの方が得である。

ゲーム理論では「タカ派」と言うが、実際のタカがお互いに戦い合うことはほとんどない。どちらかというと戦いを好まないハト派である。

力がすべてに思える自然界であっても、生物はじつは「戦うこと」よりも「戦わないこと」の方を選択している場合が多いのだ。

群れの中の順位づけ

ときに生物は、群れを作る。しかし、生物が群れを作れば、群れの中にも強いものと弱いものが生じてしまう。

すでに紹介したように、戦うことは勝者にも敗者にもダメージが大きい。ましてや同じ種の中で戦って傷つけあうことは、けっして得策とは言えない。そのため、生物は、いちいち戦わなくても良いように、ルールを定めて争いを避ける工夫をしている。鳥や哺乳類などの群れでは、群れの中で明確な順位付けが見られるが、それも争わない工夫の一つである。

ニワトリはつつきあうことが知られているが、群れの中に明確な順位があり、順位の上位のものが下位のものをつつくことになっている。つまり、つつく方とつつかれる方は常に決まっている。新しいニワトリを群れの中に入れると、しばらくはお互いにつつきあう。こうして、群れの中での順位を決めていくのである。

また、哺乳類ではオオカミやニホンザルは順位が決まっている。そして、もっとも順位の高い強い者がリーダーとなり、群れを支配する。そしてエサを優先的に食べることができる。一方、弱いものは常に群れの中でも弱い立場に甘んじることになる。いわゆる「負け犬」となってしまうのである。

鳥や哺乳類の群れが、自分たちの順位を決めるのには理由がある。集団で行動する群れが、エサを見つけるたびに、奪い合い、争い合っていたのでは、お互いに傷つくだけである。そのため、順位を明確にして、争うことなく分配するしくみになっているのである。

また、群れで行動をする上では、リーダーが明確な方が、統率の取れた行動ができる。

ただし、一度「負け犬」の位置に追いやられてしまうと、常に弱い立場で居続けなければいけないことになる。

負け犬だって悪くない

もっとも、負け犬が必ずしも悪いかというと、そうでもないようだ。

弱い立場とはいえ、群れの一員として認められているわけだから、まったくエサにありつけないわけではない。また、順位がつけられた群れの中では、めったに争いは起こらないので、上の順位のものに刃向わなければ、安泰なのだ。それよりも、群れから離れると生きていけなくなってしまうのである。

一方、ボスの方は大変だ。ボスとなるのは、もっとも強い個体である。しかし、圧倒的な力の差がない限り、常に最強でいることは難しい。ナンバー2やナンバー3の個体が常にボスの座を狙っている。年齢を経れば、当然、力も弱まるし、若く元気な個体が、実力もつけてくる。強者であり続けるということは大変なことなのだ。

下位に甘んじる「負け犬」のポジションを奪おうとするものなどいない。実力が均衡していて、多少、本来の実力と順位が異なったとしても、ワースト1とワースト2の違いなど、ほとんど問題にならないから、わざわざ争って奪い合うほどのこともない。変なプライドさえ捨ててしまえば、負け犬という生活も悪くはないのだ。

メスをめぐる果てしなき争い

これまで見てきたように、争うということは相当に無駄なことである。負ければ散々だし、たとえ勝っても無傷ではいられない。戦いに要するエネルギーもバカにならない。しかし、男たるもの戦わねばならない時がある。それがメスを手に入れる時である。

何しろ配偶者を手に入れなければ、子孫を残すことができない。野生生物にとって子孫を残すことは大命題である。そのため、生物はできるだけ戦いを避けるように行動するが、メスをめぐっては激しく争うのである。

百獣の王のライオンのオスは、めったに狩りをすることはない。狩りをするのはもっぱらメスである。それでは、雄ライオンの立派な爪や牙は、いつ使うのだろうか。それはメスをめぐってオス同士が戦う時である。ちなみに、オスのライオンが首のまわりに立派なたてがみがあるのも、オス同士の戦いで首を噛まれるのを防ぐためである。

ゾウアザラシやオットセイは、血まみれになってメスの群れをめぐって激しく戦う。その戦いは壮絶で、戦いによる消耗で命を落とす者も少なくないほどである。

シカやヤギの立派な角も天敵から身を守るというよりも、オス同士の戦いに良く使われる。オス同士が力比べをするために、ヤギやシカの角は発達したのだ。

厳しい自然界を生き抜くために、常に合理的な生き方をしてきた生き物たちが、メスを手に入れることになると冷静さを欠いたように、無駄の多いリスキーな行動に出る。

男という生き物は、何と哀れな生き物なのだろう。女のためには命まで懸ける。しかし、それが男の宿命なのである。

ただし、このようにオス同士が戦いあって、メスを奪い合うという例は、実は少数派だ。

平和的な争い

同じ仲間同士が争いあって傷ついても仕方がない、ということで争うのではなく平和的に勝敗を決めようとする生物も多い。

シカやヤギは、オス同士が角を突き合わせて激しく戦う。しかし、これもどちらかというとルールに則った儀式的な戦いであり敗れた方は潔く退く。どちらかが死ぬまで殺し合うということはないのだ。

トナカイやヘラジカなど、体の大きなシカは、さらに大きくて立派な角を持っている。ところが、この角は大きすぎて、戦うにはまったく不向きである。どうして彼らは、無意味なほど大きな角を持っているのだろうか。

大型のシカが大きな角で戦えば、お互いが傷ついてしまう。そこで、トナカイやヘラジカは無駄な戦いをすることをやめた。より大きい角を持っているオスが、勝者としてメスに選ばれるという平和的な戦いを発達させたのである。

大きい角を持っているということは、エサを豊富に食べて生存力が高いことを意味している。そのため、トナカイやヘラジカのオスの角は必要以上に大きくて立派になっていったのである。

キジに代表されるように、鳥はオスが美しく、メスは地味な色をしているのもそのためである。鳥のメスは敵に見つからないように保護色で身を守っている。一方、鳥のオスは、色鮮やかな羽を持って美しさを競っている。そして、メスは羽が美しく立派なオスを選ぶのである。野蛮な力比べではなく、美の競演である。これであれば、争いの結果、傷ついて命を落とすようなことはない。

しかし、どうだろう。メスは地味な保護色で身を隠しているのに対して、オスはわざわざ目立つ羽の色をしているので、天敵に狙われやすくなる。やはり、メスの気を惹くために、命を懸けて争っているのだ。

カエルは大きな鳴き声でメスを惹きつける。声が大きく、声が太いということは、体が大きく強いことの証しになる。そのため、カエルのオスは競い合って大声で鳴いているのである。この大声合戦も、平和的な争いではある。しかし、大きな声で鳴くということは、わざわざ天敵に自分の存在を知らせているようなものだ。カエル同士は戦っていなくても、やはり命を懸けているのである。

強さを示すことのリスク

戦いを避けるために、多くの生き物は平和的な戦いでメスを惹きつけている。しかし、強さを示すこともまたリスクが高い。

すでに紹介したようにトナカイやヘラジカは大きな角で強さを誇示する。しかし、大きくなり過ぎた角は、実際に戦うときには邪魔になってしまう。

鳥が強さを示すために美しい羽を誇示したり、カエルが大きな声で自己アピールすれば、メスだけでなく、天敵にもその存在を知らせてしまう。

このように動物のオスは、しばしば天敵に見つかりやすかったり、生存に不利な形質を持つ。その理由は長い間、明確な説明がなされてこなかったが、最近では「性選択のハンディキャップ理論」という説で説明されることが多い。

つまり、あえてハンディキャップである生存に不利な形質を誇示することによって、ハンディキャップを乗り越えることのできる生存力の強さを、メスに示しているというのである。このような平和的な争いは、オス同士が戦って傷つきあうということはないが、それなりに高いリスクを背負っているといえる。

ハンディキャップを競う戦いは、傷つき敗れ去ることはない。しかし、それが命を懸けた死闘であれ、暴力に頼らない平和的な戦いであれ、メスをめぐって争っている限り、そこには勝者と敗者がいる。そして、戦いに勝つ強者と戦いに勝てない弱者がいるのである。それでは弱者は子孫を残すことが許されないのだろうか。

どんな生き物も子孫は残したい。しかし戦いにはとうてい勝てそうもない、そんな弱いオスもいる。興味深いことに、そんなオスたちも脈々と「弱者の遺伝子」を残してきた。

もちろん、正々堂々と戦うという男の美学にこだわっていては、到底、子孫は残せない。ルール無用の自然界には、目を見張るような「弱者の戦略」があるのである。

こそ泥の戦略

生物のオスは縄張りを持つことがある。縄張りを持てば、そこではエサを独り占めすることができる。そして、十分なエサがある良い縄張りには、メスがたくさん訪れる。そのため、縄張りを持つオスは、メスを獲得して、子孫を有利に残すことができるのである。

しかし、縄張りを維持するのは大変である。常に縄張りを見張り、他のオスが縄張りに入ってくれば、追い払わなければならない。ときには戦いになることもあるだろう。縄張りを持つことは強さの証しであるが、手間のかかることでもあるのだ。とはいえ、縄張りがなければ、メスを獲得し、子孫を残すことはできない。ならば、縄張りを持てない弱いオスは、どうすれば良いの

る。

　ウシガエルは、その名のとおり「ヴォー、ヴォー」と牛のような大きな鳴き声で鳴く。こうして大きな声で鳴いて、縄張りを主張する。そして、メスを呼び寄せる。もし、縄張りに他のオスが侵入すれば、ウシガエルのオスは激しく攻撃する。そして、縄張りをめぐって争い合うのである。

　カエルは低い声の方がモテる。低い声を出すということは、体が大きいことを意味しているからだ。体が大きい方が強いオスだから、低い声はメスにとって魅力的なのだ。

　一方、小さなカエルは声が高い。そのため、声の高低があまりに違えば、戦わなくても相手が自分より強いか弱いかは、判断ができる。そのため、小さなオスの中には最初から鳴かないものがある。メスを呼び寄せるために大きな声で鳴くと、天敵に見つかりやすい。どうせ鳴いても勝てないのであれば、鳴かない方が天敵に見つかるリスクも少ないのだ。

　とはいえ、小さいオスであっても、鳴かなければメスを呼び寄せることができない。鳴かないオスガエルは当初、休息をしているか、何かの障害で鳴けない個体と考えられていた。しかし、そうではなかった。鳴かないオスには「鳴かない」という戦略があったのである。

　小さなオスは、大きな声で鳴いているオスのすぐ傍らで、じっと闇の中で息を潜めている。そして鳴いているオスに惹きつけられたメスを横取りしてしまうのである。

　このような「鳴かない戦略」は、トノサマガエルやアマガエル、ニホンヒキガエルなど、私たちがちの身近な多くのカエルでも観察されている。

ウシガエルのオスのように、正面から戦うのではなく、そっと忍び込んで隙を見てメスを奪い取る戦略は、生態学では「スニーカー戦略」や「サテライト戦略」と呼ばれている。「スニーカー」は、「コソコソと忍び寄る者」という意味である。強いオスに見つからないように、そっと忍び寄りメスを獲得するのである。ちなみに、靴のスニーカーも音を立てずに静かに歩けることに由来している。

一方、「サテライト」は衛星という意味である。強いオスのまわりで待機しているようすを衛星になぞらえているのである。英語で言うと、なんとなくカッコよく聞こえるが、これらは、日本語では「こそ泥の戦略」や「間男の戦略」と呼ばれている。間男というのは夫のいる女性に手を出す不倫相手の男のことだ。

このように強いオスの隙を突くスニーカー戦略や、強いオスの傍らに潜むサテライト戦略は、両生類や魚類に良く見られる。縄張りを作り、メスをめぐって争うのはコストが掛かる。しかし、スニーカー戦略やサテライト戦略は、ほとんどコストの掛からないお得な戦略なのである。

サケのサテライト戦略

サケのサテライト戦略は、徹底している。サケは、川で産まれて海に下り、海で育つと再び川に戻って産卵する。ところが、海に下らずに川にとどまるものもいる。海で育った個体に比べて、川で育った個体は、ずっと小さい。

一方、海で育ったサケは、体が大きい。体の大きいメスは卵をたくさん産むことができる。大きなメスに卵を産ませることは、子孫を残す上で有利である。しかし、大きなメスには、海で育った体の大きなオスがいる。川で育ったオスはどうすれば良いのだろうか。

川で育ったオスは小さい。あまりに小さすぎて別の魚に見えるくらいである。たとえば、ベニザケの川にとどまったものはヒメマスと呼ばれる。まったく別の魚のように呼ばれているのである。また、川魚のヤマメはサクラマスの川にとどまったものである。アマゴは、サツキマスの川にとどまったものであるし、イワナはアメマスの川にとどまったものである。このように川にとどまったタイプは、海に下ったタイプと似ても似つかない姿になるのである。

海から川に遡上した大きなメスに、小さなオスが近づいても、まるで別の種類の魚であるかのようなので、大きなオスはあまり気にしない。

魚は体外受精なので、交尾をするのではなく、メスが産んだ卵にオスが精子を掛けるという受精方法である。そのため、ペアにならなくてもメスの卵に精子だけ掛けることができればいい。そこで、小さなオスは、大きなオスと大きなメスがペアになっているところにそっと近づき、大きなメスが卵を産んだ瞬間に素早く精子を掛けて受精させてしまうのである。

女装する戦略

日本でもっとも古い歴史書である古事記には、ヤマトタケルのクマソ征伐の話が登場する。ヤマトタケルは、女装して、敵の酒盛りに潜入する。そして、油断した敵の大将を見事に討ち取ったのである。少しずるいような気もするが、強い男も女性には、からっきし弱い。その隙をついた見事な作戦なのである。

じつは、魚の中にも、ヤマトタケルのようにメスに化けるという戦略が存在する。

ブルーギルは強く大きなオスが縄張りを持ち、縄張りの中でメスといっしょに産卵行動をする。ただし、ブルーギルにはスニーカーのオスがいて、小さなオスが、大きなオスの隙を狙って縄張りに侵入してくるのである。もちろん、大きなオスは小さなオスも追い払おうと攻撃を仕掛ける。小さなオスは、大きなオスの攻撃を避けながら、メスの卵に精子を掛けなければならないのである。

ところが、である。スニーカーのオスよりも体が大きいにもかかわらず、大きなオスの攻撃を受けないオスがいる。それが、メスの色に似た体色を持ち、メスに化けたオスである。この女装したオスは、強いオスに攻撃を受けることはなく、メスに近づいて子孫を残してしまうのである。

ニシキベラもオスが女装をする魚である。ニシキベラには二種類のオスがいることが知られている。一つはいわゆるオスらしいオスである。オスはメスとは異なる姿形をしていて、単独でメスに求愛する。もう一つが、メスに良く似た姿をした女装オスである。女装オスは、グループを作り、一匹のメスと産卵行動をするのである。

大きなオスの目を盗んで、おこぼれにあずかったり、果てはメスに化けたりというのは、何とも男らしくないと思うかも知れない。しかし、そうではない。小さなオスは、体を大きくする必要もないし、強さを身につける必要もない。また、縄張り争いや他のオスとの戦いにエネルギーを費やす必要もない。コストを節約した分だけたくさん精子を作ることができる。じつは小さなオスほど、繁殖能力の点ではじつに「男らしい」のである。

プレゼントを横取り

強いオスの隙をついたり、メスに化けたり、という戦略は昆虫にも見られる。トンボの仲間にもスニーカーがいるのだ。

トンボのオスは広い縄張りを持ち、常にパトロールをしている。しかし一匹のオスでパトロールをしているのだから、縄張りの防衛はなかなか大変である。そのうち、強いオスの縄張りを目指して、メスが飛んでくる。トンボのスニーカーは、縄張りのすぐ外の境界をうろうろしていて、飛んできたメスを横取りしてしまうのである。

さらにはメスに化けるという戦略もある。ガガンボモドキという虫は、じつに興味深い特徴を持っている。ガガンボモドキのオスは、メスにエサをプレゼントして求愛する。このときプレゼントが小さいとメスは受け入れない。そして、大きなプレゼントを持ってきたオスとだけ、交尾をするのである。オスにとっては、大変である。

しかも、求愛に成功すれば良いかというとそうではない。求愛を受け入れたメスは、卵を二〜三個産むだけである。そして、また新たにプレゼントを持って現れるオスを待つのである。そのため、繁殖時期のメスは狩りをしなくてもエサを手に入れることができる。オスは大変だ。メスのご機嫌をうかがいながら、プレゼントを用意しなければならない。これは労力がかかるし、リスクも大きい。そこでメスに化けるオスが現れるのだ。

ガガンボモドキのオスはメスを誘うために、プレゼントをもって葉などにぶら下がる。すると、メスに化けたオスがやってきて、メスのふりをしながらエサの大きさを確かめる。そして、もらったプレゼントを持ち逃げしてしまうのである。こうして手に入れたプレゼントで、メスを誘うのだ。何とも手の込んだ方法である。昆虫の世界も、恋愛というのはやはり手のかかるものなのである。

ゾウアザラシのハーレム

ゾウアザラシは「ハーレム」を作ることで知られている。ハーレムはもともと「禁じられた場所」を表す言葉で、女性の居室を表す言葉であったが、誤解されて「一人の男性に多数の女性が侍る」意味に使われるようになった。そこから、生物学では、一匹のオスが、複数のメスを独占する一夫多妻制のコロニーをハーレムと呼ぶことがある。

それにしても、ゾウアザラシのハーレムはすごい。何しろ、一〇〇頭以上ものメスのすべてを一頭のオスが従えるのである。男性諸氏にとっては何ともうらやましい話であるが、考えてみれば、良いことばかりともいえない。一〇〇頭のメスを一頭のオスが独占してしまうということは、その他のほとんどのオスはあぶれてしまうことになるからである。しかし、それも仕方のないことである。こうして体が大きくて強いナンバー1のオスだけが、子孫を作り、優秀な遺伝子を残せるしくみになっているのである。

とはいえ、ハーレムを作ったボスのオスもけっしてハッピーではない。ハーレムのメスを狙って、他のオスが群れに侵入してくる。そのたびに、ボスは体を張って他のオスと死闘を繰り広げなければならないのだ。もちろん、ボスは圧倒的に大きく力も強いので負けることはない。それでも、戦いを繰り返すことは、ボスにとって簡単なことではないのだ。

体の大きなオスは、ハーレムを巡って戦い続けるファイターとしての宿命を背負っている。ところが、体の小さなオスには別のチャンスがある。ゾウアザラシはオスとメスの体格に差がある。そこで体の小さなオスは、メスのふりをしてハーレムの中に忍び込むのだ。そして、ちゃっかりと子孫を残してしまうのである。

ゾウアザラシのハーレムは、体が大きくて強い遺伝子を残すための仕組みである。しかし、こうして、体の小さなオスの遺伝子もしっかりと残され、小さなオスの戦略も次世代に引き継がれていくのである。

中間のサイズはいない

生物の大きさというものは、平均に近い大きさのものがもっとも多く、平均から離れて大きくなったり、小さくなったりするほど、その数が小さくなる。

たとえば、日本人の男性の平均身長は一七〇センチメートルだとすれば、一七〇センチくらいの身長の人がもっとも多い。それから一八〇センチメートル、一九〇センチメートルの男性となると次第に少なくなって、二〇〇センチメートルを超す身長の人はほとんどいなくなる。反対に小さい方も一六〇センチメートル、一五〇センチメートルの男性は次第に少なくなって、一五〇センチメートル以下の人も少ない。これが普通である。

ところが、生物のオスの中には、平均的な中間の個体がほとんど存在せずに、大きい個体と小さい個体とに二極化している例が見られる。大きい体は、力に物を言わせてメスを獲得するのに有利である。一方、小さい個体はスニーカー戦略やサテライト戦略によって子孫を残すことができる。

つまり「大きいこと」が勝ち残るための戦略であるのと同じように、「小さいこと」もまた、有効な戦略なのである。そして、平均であるはずの中間的な個体は戦略的に中途半端で子孫を残すことができないのである。

第七章　逃げられない植物はどうしているのか？

草食動物に対抗したイネ科植物

食うか食われるかの弱肉強食の関係の中で、食べられるものが弱いとすれば、もっとも弱い存在は植物だろう。多くの生き物が植物をエサにしていて、植物は食べられる一方なのである。草食動物はもちろん、小さな虫けらさえも植物をエサにしている。しかし、植物は動けないから、敵から逃げることができない。それでは、植物は何の抵抗もできないまま、食べられるに任せるより他ないのだろうか。

草食動物に食べられることによって進化した植物のひとつがイネ科植物である。

通常の植物は成長点が、茎の先端にある。こうして細胞分裂した新しい細胞を上へ上へと積み上げていくのだ。しかし、それでは草食動物に茎の先端を食べられてしまうと、成長が止まってしまう。そこでイネ科植物は、まったく逆の発想で成長する仕組みを身につけた。それは成長点を下に配置するということである。

イネ科植物の成長点は株元にある。そして上へ上へと葉を押し上げるのである。これならば、

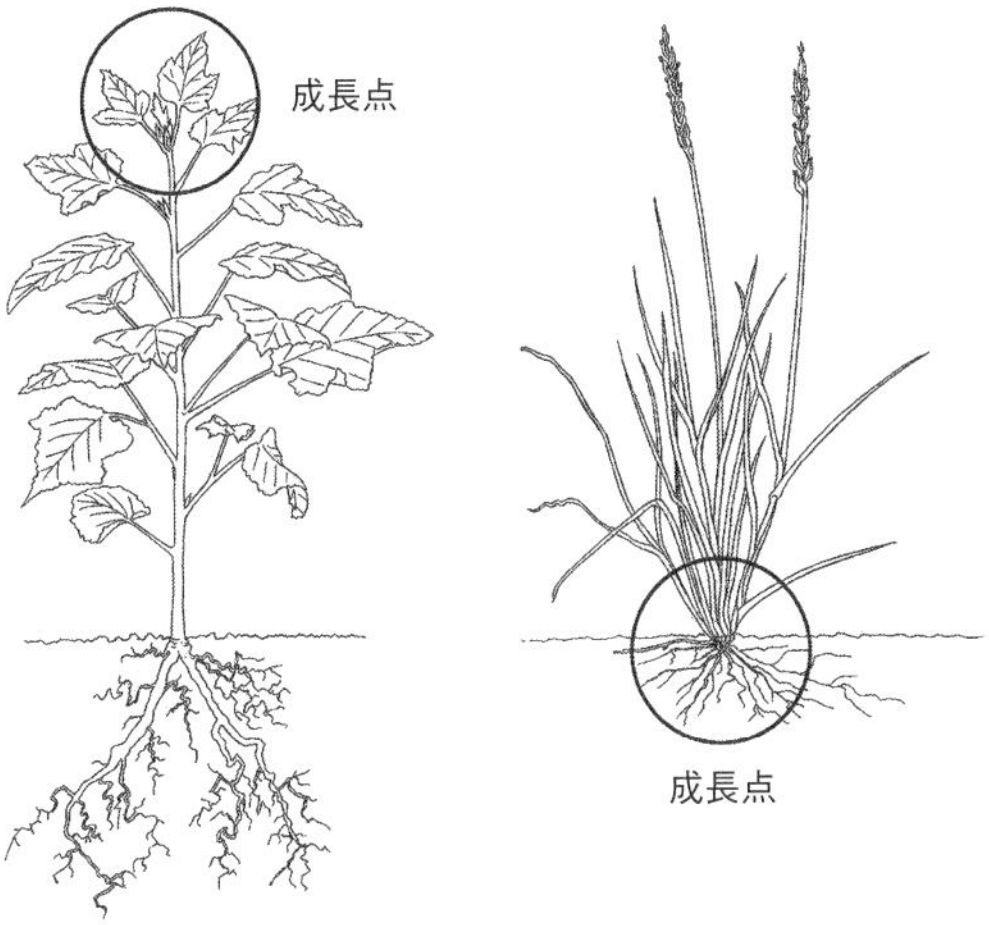

【図18】　イネ科植物は食べられることにより進化した(右)。通常の植物（左）は成長点が茎の先端にあるが、イネ科のそれは株元にある。

葉の先端をいくら食べられても成長を続けることができるのである【図18】。しかし、この方法には問題がある。

上へ上へと積み上げていく方法であれば、枝を増やしたりして葉を茂らせることができる。しかし、作り上げたものを下から押し上げていく方法では、葉の数を増やすことができないのだ。

そこで、イネ科植物は成長点を次々に増やしていくことを考えた。これが分蘖《ぶんげつ》である。成長点を次々に増殖させながら、押し上げる葉の数を増やしていくのである。こうして、イネ科植物は株を作るのである。

バレーボールのレシーブも腰を落とすし、柔道や相撲でも投げられないように重心を低くする。銃撃戦では兵士は地面に伏せる。何事も、低くすることは身を守る基本である。

イネ科植物も成長点を低く構えて身を守るのである。

芝生や牧草として利用されてもいるようにイネ科植物は、刈られることに対して強い。それは、成長点が下にあるからなのである。

守る進化と攻める進化

ダメージが少ないとはいえ、ただ成長点を低くしただけでは、食べられ放題のままである。草食動物に食べられないようにするには、サボテンやバラのように刺を作るという方法がある。しかし、成長点から葉を押し上げるイネ科植物は、刺のような複雑な形のものを作ることができない。

そこで、イネ科植物は、葉を食べにくくするために、ケイ素で葉を固くすることを考えた。ケイ素はガラスの原料にもなる物質である。イネ科のススキの葉で指を切った経験をもつ方もおられるだろう。このようにイネ科植物は、葉のまわりをケイ素で刃物のように守ったのである。こうして、草食動物に食べられないように身を守っているのである。

イネやコムギ、トウモロコシなどイネ科の作物は多いが、どれも、葉は食べることができない。それは、イネ科の葉が固く、我々人間では消化することができないからなのである。

ところが、こんなに身を守ったイネ科植物を食べる動物もいる。それがウシやウマの仲間である。ウシは、固いイネ科植物の葉を消化するために、四つの胃を持つようになった。また、ウマは、盲腸を発達させて、イネ科植物を消化している。高度に進化したイネ科の植物をエサにするために、草食動物もまた、進化を遂げたのである。こうして守る植物も、それを食べる生物も、共に進化していったのである。

毒草の進化

植物の中には、毒をもつものもある。毒を蓄えるというのも、食べられないための重要な戦略である。

辛味のある蓼を好む虫がいることから、「蓼食う虫も好き好き」ということわざがあるように、昆虫の中には有毒な植物を好んで食べるものも多い。昆虫は数が多く、世代交代も早いので、さまざまな進化をする。そのため、毒に対する抵抗性を身につけることができるのだ。

じつは食べられることに対して、無防備な植物などない。すべての植物が何らかの有毒な物質を用意している。ところが、昆虫の方も食べなければ死んでしまうから、その防御物質を打ち破る方法を身につける。すると植物側も新たな有毒物質を用意する。そして昆虫もさらにその物質を克服する進化を遂げる……。

植物と昆虫とは、こうして終わりなき「いたちごっこ」の競争を続けてきた。

ところが、毒性物質の種類は植物によってそれぞれ異なるから、どんな植物の有毒物質も打ち破る万能な策を身につけるというのは難しい。そこである種の植物にターゲットを定めて、対象となる植物の防御策を克服してエサとせざるを得ない。じつは、昆虫の中には特定の植物のみをエサにするものが多いのは、そのためである。

たとえば、モンシロチョウの幼虫の青虫は、キャベツなどのアブラナ科の植物のみをエサにする。アブラナ科の植物は、カラシ油という辛味物質が食害から身を守るための物質である。モンシロチョウの幼虫は、このカラシ油を克服することができる。しかし、その他の植物が持つ防御物質は打ち破ることができない。そのため、アブラナ科の植物のみをエサにしているのである。

一方、アゲハチョウの幼虫は、ミカン科の植物をエサにしている。ミカン科の植物はフラボノイド酸で身を守っている。アゲハチョウの幼虫は、このフラボノイド酸を克服してエサにしているのである。しかし、アゲハチョウの幼虫はアブラナ科が持つカラシ油には、対応できない。そのため、アゲハチョウの幼虫は、アブラナ科の植物は食べることができないのである。

昆虫と植物の頭脳戦

食べられる植物と、食べる昆虫の果てしない競争。中には目を見張るような、したたかな戦略もある。

アゲハチョウの仲間のジャコウアゲハは、ウマノスズクサという植物をエサにしている。ウマノスズクサの持つ毒成分は、アリストロキア酸という猛毒のアルカロイドである。ところが、ジャコウアゲハはこの毒の影響を受けないように適応した。そして、それればかりか、この有毒な成分を体内に蓄積することができるようになったのである。

ジャコウアゲハは、ウマノスズクサから毒成分を取り入れることによって、自らも有毒になった。そして、この毒によって、鳥に食べられないように自らの身を守るようになったのである。

ジャコウアゲハは、幼虫だけでなく、成虫になっても、体内にウマノスズクサの毒をそのまま持っている。そのため、成虫も黒い羽に赤い斑点という毒々しい警告色をしている。

ジャコウアゲハは他のチョウと比べると、ひらひらとゆっくりした羽の動きで悠々と空を飛んでいる。これも、他のチョウと誤って鳥が食べないように、有毒なチョウであることを鳥にアピールしているのである。

一方、植物にも工夫がある。どんなに毒成分を用意しても、それはいずれ克服されてしまうし、果ては逆手に取って利用されてしまったりする。それならばと、完璧な防御で撃退することを目指すのではなく、ある程度は食べさせながら、その攻撃を受け流すことを考えた植物もある。

タンニンは多くの植物が持つ渋味物質である。タンニンは、他の毒成分に比べて低コストで生産できるリーズナブルな物質である。残念ながら、タンニンには昆虫の食害を防ぐだけの力はない。ところがタンニンには、昆虫が持つ消化酵素を変性させる作用がある。そのため、タンニンを摂食すると、消化不良を起こしてしまうのだ。

完全に撃退しようとすると、相手も生き抜くために懸命に進化を遂げる。しかし、逆に対応策がソフトだと、昆虫もそれを克服するだけの対応策を発達させにくいのである。もっとも、ある種のイモムシは、消化酵素の中にタンニンの作用を防ぐ物質を分泌してタンニンに対抗している。

また、イノコヅチという植物は、昆虫の脱皮を促進させる物質を含んでいる。そのため、イノコヅチを食べた芋虫は、十分に成長する前に早く成虫になってしまう。こうして、食べられる量を少なくして、被害を小さくしようとしているのである。嫌な客にお土産を持たせて、早く帰らせてしまおうというのと同じような作戦なのだ。

赤の女王の登場

生物は敵がいることによって進化する。これを説明するのが、生物学者リー・ヴァン・ヴェーレンが提唱した「赤の女王仮説」と呼ばれるものである。

「赤の女王」というのは、ルイス・キャロルの名作「ふしぎの国のアリス」の続編である「鏡の国のアリス」に登場する人物である。「鏡の国のアリス」の中で、赤の女王はアリスにこう教える。

「いいこと、ここでは同じ場所にとまっているだけでも、せいいっぱい駆けてなくちゃならないんですよ」

　こう言われてアリスも赤の女王といっしょに走り出す。しかし、まわりの風景はまったく変わらない。まわりの物も全力で走るアリスと同じスピードで動いていたのである。だから、そこにとどまるためには全力疾走で走りつづけなければいけないのだ。

　生物の進化もこの話と良く似ている。攻撃を受ける生物は、身を守るために、防御手段を進化させる。そして、攻撃する方の生物も、防御手段を破るために進化を遂げる。すると、守る側もさらに防御手段を進化させる。こうして進化し続けなければ生き残れない。そして、どの生き物も進化をしているから、どんなに進化しても防御側も攻撃側も、極端に有利になることはない。まさに進化の道を走り続けても、まわりの景色は変わらないのだ。

　肉食獣に食べられる草食動物も、エサとして食べるという点では、植物を攻撃している。他方、ライオンやトラのような強い肉食獣であっても、寄生虫や病原菌の攻撃を常に受ける。

　自然界では、ほとんどの生き物が攻撃する側であり、同時に攻撃を受ける側でもある。そのため、しのぎを削り合いながら、激しい進化の競争を繰り広げているのである。

　かくして、生物は常に、変わり続けているのである。

変化のスピードを早めるために

激しい進化の競争。この進化のスピードを早めるには、どうしたら良いのだろうか。
じつは先述の「赤の女王仮説」は、それが生物にオスとメスとがいる理由であると考えられている。

自分だけで子孫を残したとすると、自分と同じような能力を持つ子孫を残すことができるが、まったく新しい能力を持った子孫を作り出すことは難しい。

しかし、オスとメスとで子孫を残す有性生殖では、親とは異なる能力を持つ子孫が作られる。もちろん、親よりも劣った子どもが産まれてしまう可能性もあるが、親の能力を上回る子どもが産まれる可能性も少なくない。しかも、有性生殖であれば、さまざまな個性を持った子どもをたくさん作ることができる。そうすれば、どのような攻撃を受けても、そのいずれかは生き残り、進化のスピードを早めることができるのである。

オスとメスとが交雑して子孫を作るという方法は、じつは手間もコストも掛かる方法である。動物であれば、オスとメスとが出会わなければならないし、オスはメスをめぐって激しく争わなければならない。植物であれば、花粉を作り、風で飛ばしたり、虫に運ばせたりしながら、花粉を他の花へ送り届けなければならないのだ。もし、自分だけで子孫を作ることができれば、よほど手っ取り早い。

しかし、多くの生物にオスとメスがあり、そんな面倒くさいことを繰り返しながら、子孫を残してきた。それは、攻撃を受けたり、攻撃をしたりというせめぎ合いに対応するためであったと「赤の女王仮説」は言うのである。

食べられて成功する

植物は昆虫や動物に食べられないように、さまざまな防御手段をとっている。葉を変形させて刺にしたり、さまざまな毒成分をたくわえて食害を受けないようにしている。

しかし、それだけではない。植物はむしろ、「食べられること」を利用している。そして食べられることで成功を遂げているのである。これぞまさに「強い者」を利用する究極の奥義と言えるだろう。

「食べられることを利用する」とは、いったいどういうことなのだろう。

植物は受粉をするために、花粉を作る。古くは、植物はすべて花粉を風に乗せて運ぶ風媒花であった。しかし、気まぐれな風で花粉を運ぶ方法は、いかにも非効率である。どこに花粉が運ばれるかわからない風まかせな方法では、他の花に花粉がたどりつく可能性は極めて低いからだ。そのため、風媒花は花粉を大量に作ってばらまかなければならない。

その花粉をエサにするために、昆虫が花にやってきた。花粉は食べられるばかりである。昆虫は花から花へと、花粉を食べあさる。そのうち、昆虫の体に付いた花粉が、他の花に運ばれて受粉されるようになった。

そして、植物は昆虫に花粉を運ばせることを思いついた。花から花へと移動する昆虫に花粉を運ばせる方法は、風に乗せて花粉を運ぶ方法に比べれば、ずっと確実で効果的である。そのため、むやみやたらに花粉を作る必要はなく、生産する花粉の量をずっと少なくすることができるようになった。つまり低コスト化に成功したのである。そして、浮いた分のコストで、昆虫を呼び寄せるために花を花びらで彩り、昆虫のために蜜を用意したのである。こうして、植物は巧みに昆虫を利用しているのである。

植物は昆虫のために蜜を用意し、昆虫は植物のために花粉を運ぶ。この植物と昆虫との関係はWin-Winの共生関係にあると言われている。しかし、もともとは植物にとって昆虫は花粉を食べる天敵であった。その天敵を利用したのである。

まず与えよ

植物は昆虫だけでなく、鳥も利用している。

鳥が植物の果実を食べると、果実といっしょにタネも食べられる。そして、鳥の消化管をタネが通り抜けて糞と一緒に種が排出される頃には、鳥も移動し、タネが見事に移動することができるのである。植物は鳥にエサを与え、鳥は植物のタネを運ぶ。鳥と植物とは共生関係にあるのである。

しかし、もともと、鳥はタネやタネを守る子房をエサにしようとやってきたことだろう。植物は、その鳥を利用して、タネを運ばせるようになったのである。

秋になるとネズミやリスは、冬の間のエサにするためにドングリを集める。ドングリはクヌギやコナラなどのタネである。ネズミやリスは、ドングリを食べてしまうが、一部は食べ残したり、あるいは隠し場所を忘れてしまう。そして、春になるとドングリは芽を出すのである。このネズミやリスの行動によって、クヌギやコナラは見事にタネを移動させ、分布を広げるのである。

ドングリもネズミやリスに攻撃されて、食べられる存在である。しかし食べられることを逆手にとって、種子を運ばせるということを考えたのである。

「蜜で昆虫を呼び寄せ、花粉を運ばせる」

「甘い果実で鳥を呼び寄せて、タネを運ばせる」

「種子を多めに作って小動物を呼び寄せて、タネを運ばせる」

このような仕組みを持つ被子植物は、恐竜時代の終わりころに進化を遂げたと考えられている。

時代を問わず、自然界には食うか食われるかの、厳しい掟がある。植物を食いあさった草食恐竜は肉食恐竜に食い殺され、その肉食恐竜をさらに巨大な恐竜が食い殺す。そんな殺伐とした自然界で、植物は、昆虫や鳥と、Win-Winとなる相利共生のパートナーシップを築いたのである。

もともとは、植物は食べられる存在であった。そして、それを避けるのではなく、むしろ積極的に食べられることを利用して、自らの利益を勝ち取ったのである。何という高等戦術だろう。

そして、このパートナーシップを築くために植物がしたことは何か。花粉を食べられるだけでなく、さらに蜜という魅力的な贈り物を昆虫に与えたのである。

子房を食べられることを避けるのではなく、むしろ子房を発達させて甘い果実を用意した。そして、ドングリを食べにくる小動物には、さらに多くのドングリを用意したのである。

つまり、自分の利益より相手の利益を先に与えることで、双方に利益をもたらす友好関係を提案したのである。

聖書には「与えよ、さらば与えられん」という言葉がある。

これこそが進化の過程で植物が実践した思想なのだろう。この言葉を説いたキリストが地上に現れるはるか以前に、植物はこの真理に気がついていたのである。

第八章　強者の力を利用する

虎の威を借る

柔道では、体の大きい者が力任せに投げようとしても、なかなか投げられない。相手の力を利用して投げることが大切なのである。小さい者が、相手の力を利用して大きな者を倒すのが柔道の醍醐味である。

弱者だからと言って、強者から逃げ隠れするばかりが能ではない。弱者にとって、もっとも高度な技は、強者の力を利用するということではないだろうか。

本当は弱いのに、強い者の権威を借りて威張ることを「虎の威を借る狐」という。この言葉は、こんな故事に由来している。トラにつかまったキツネは、トラに向かってこう言った。

「私は動物の長になるよう神様から命じられたから食べてはいけない。嘘だと思うなら、私の後からついてきなさい。他の動物は私の姿を見て恐れをなして逃げて行きます」

こうしてキツネとトラが歩いていくと、動物たちはトラを見て逃げて行った。しかし、トラは動物がキツネを見て逃げて行ったのだと思い込んだのである。

キツネは強い動物ではないが、トラと一緒にいることで他の動物たちは逃げ出したのである。

自然界でもこうして身を守っている生き物がいる。

世界最大のサメであるジンベエザメには、イワシやカツオなどの魚がくっついて泳いでいる。巨大なジンベエザメのそばにいれば、敵に襲われることは少ない。そのため、ジンベエザメに寄り添って、守られながら泳いでいるのである。

本当のコバンザメ戦略

俗に「コバンザメ商法」と呼ばれるものがある。集客力のある店や人気のある企業製品の売り場近くで、集まってきた客を狙いおこぼれをねらう戦略である。

コバンザメは、頭の上に大きな小判の形をした吸盤がある。その吸盤で、大型の魚類の腹にくっついて、敵から身を守りながら、エサのおこぼれに与かる。そのため、力の強いものにくっついて利用することは「コバンザメ」にたとえられるのである。

どちらかというと、コバンザメは自分では努力をしないちゃっかり者として捉えられることが多い。

じつは、コバンザメは大型魚類にくっついているようだが、実際には自分の力でも泳いでいる。そういえば、大型魚にくっつかずに、寄り添って泳いでいるだけのコバンザメもいる。だからこそ、大型魚はコバンザメを追い払うことなく、いるに任せているのである。

コバンザメにとって、重要なことは強者の邪魔をしないということである。

それだけではない。コバンザメは大型魚の体につく寄生虫を食べることもある。こうして大型魚の役にも立っている。ちゃっかりと利用しているようで、しっかりと双方の利益を考えているのである。

偽物に注意

強い魚に寄り添って、体につく寄生虫を食べる魚として、ホンソメワケベラがいる。ホンソメワケベラは大きな魚の体の表面や口の中をクリーニングする。大きな魚もそれを承知していて、ホンソメワケベラが口の中に入ってもけっして食べることはない。こうして、ホンソメワケベラはエサを手に入れながら、大きな魚に守ってもらっているのである。ところが悪知恵の働くやつはいるものである。

このホンソメワケベラに化けて大きな魚に近づく魚がいる。それが、ニセクロスジギンポという魚である。ニセクロスジギンポはホンソメワケベラに姿形が似ているだけではなく、泳ぎ方まで似せている。こうして大きな魚に食べられることなく、近づくのである。そして、ニセクロスジギンポはあろうことか、ホンソメワケベラに化けて大きな魚の鱗をエサにして食べてしまうのである。

驚いたことに、この小さな魚は、強者を利用するどころか、強者を食い物にしているのである。

強い者に寄り掛かれ

アサガオは、つるを伸ばし、ぐんぐんと伸びていく。夏休みの間に二階に届くくらいまで伸びることも珍しくない。

植物にとって、高く伸びることはとても大切なことである。高く伸びれば、他の植物よりも有利に光を浴びて光合成をすることができるのである。他の植物に先を越されて、日蔭になってしまえば、光合成ができないからますます成長に差が出てしまう。そのため、植物は、少しでも高く伸びようとしのぎを削っているのである。ひと夏のうちに、二階に届くまで伸びるアサガオの成長は、相当早い。その早さの秘密は、アサガオがつるで伸びる植物であることにある。

ふつうの植物は、自分の茎で立たなければならないので、茎を頑強にしながら成長していく。ところが、つるで伸びる植物は、体の大きな他の植物に頼りながら伸びていけば自分の力で立たなくていい。茎を頑強にする必要もないので、その分の成長エネルギーを伸長成長に使うことができるのである。

グリーンカーテンに良く用いられるゴーヤやヘチマもつる植物だし、甲子園球場の壁面を覆うツタもつる植物である。

栽培されるときには、支柱や壁などを上っていくつる植物も、自然界では、自分より大きな植物の茎や枝葉にからみついて伸びていく。

こうして、つる植物は強く大きな植物に寄り掛かることで、短期間のうちに著しい成長を遂げることができるのである。

強い者に似せる

第二章で紹介した「擬態」は、木の葉や枝など身の回りの自然物に姿を似せて身を隠すことであった。ところが、そうではない擬態も存在する。それは強い者に姿を似せるという作戦である。つまりは、虚勢を張るのだ。これはベーツ型擬態と呼ばれている。

たとえば、自然界で恐れられている昆虫にハチがいる。ハチは黄色と黒色の縞模様が特徴だ。踏切の遮断機や工事現場の柵に用いられるように、黄色と黒色のコントラストは、良く目立つ。黄色は前に飛び出して見える進出色であるのに対して、黒色は反対に引き下がって他の色を目立たせる後退色であるため、黄色と黒色を組み合わせると、際立って見えるのである。

他の昆虫が、苦労をして身を隠しているのに対して、ハチがわざわざ目立つ色合いをしているのには理由がある。ハチは針を持っているので、鳥を攻撃することができる強い昆虫である。間違って鳥に襲われて、無駄な労力を使うよりも、針を持っている強さを誇示して、鳥に襲われないようにした方が良い。そのためハチは、他の昆虫と見間違えられないように、注意を促すために、よく目立つ黄色と黒色の縞模様をしているのである。つまり、黄色と黒色は、鳥も恐れる強さの象徴である。針を持っていなくても、黄色と黒色さえしていれば、鳥は攻撃してこない。

そこで、針を持っていないのにハチそっくりの姿に擬態するちゃっかり者が現れる。トラカミキリは、カミキリムシの仲間である。しかし、ハチそっくりの黄色と黒色の模様をしている。トラカミキリは黄色と黒色の模様が、トラに似ていることから名付けられたが、本当は「虎の威を借る」のではなく「ハチの威」を借りているのである。

ハナアブは花の蜜を吸う小さなアブである。しかし、その姿はミツバチそっくりである。ハナアブは針を持たないが、ミツバチに姿を似せて、身を守っているのである。

鳥は頭の良い生き物である。そのため、黄色と黒色のハチを攻撃して痛い目に遭うと、それを記憶して、黄色と黒色の虫を襲わなくなる。もし、鳥の記憶力が悪かったとしたら、ハチに似ていても、構わず襲ってくることだろう。ハチに姿を似せた昆虫たちは、敵の頭の良さを逆手に取っているのである。

モチーフとなる実力者

ものまね芸人は、有名な芸能人のモノマネをする。もし無名の素人のモノマネをしても、まるで受けないだろう。誰もが知る有名人をモノマネするからこそ、似せることに価値があるのだ。生物の世界でも、モノマネされるということは、それだけ実力者の証ということでもある。

それでは、他にどのような昆虫が、ベーツ型擬態のモデルとなっているのだろうか。

赤色と黒色の水玉模様がかわいらしいテントウムシは、苦味のある毒性物質を持つことから、鳥は食べない。テントウムシのカラフルな色合いもまた、鳥に食べないように注意を促すための警告色なのである。

そのため、テントウムシを真似る昆虫も少なくない。その名もテントウムシダマシという昆虫は、毒を持たないハムシだが、テントウムシと良く似た模様をしている。

また、ジャコウアゲハは黒色に赤い模様の羽を持つ。黒色と赤色も良く目立つ配色である。止まれを示す赤信号が赤色をしているように、赤はもっともよく目立つ色である。これに対して、黒色は背景となって赤色を目立たせる。黒色と赤色の組み合わせは、威圧感のある配色である。

第七章で述べたように、ジャコウアゲハは毒を持つ毒蝶である。そのため、鳥に食べられないように目立つ色合いをしているのである。さらにジャコウアゲハは、鳥に見つかりやすいように悠々と飛ぶ。こうして鳥に誤って食べられないように存在をアピールしているのである。

ヒット商品にはすぐに模造品が出現するように、ジャコウアゲハにも、成功にあやかろうとするちゃっかり者がいる。オナガアゲハは、毒を持たないチョウだが、ジャコウアゲハとそっくりの色や姿をしている。さらには、飛び方までジャコウアゲハと同じように悠々と飛ぶという念の入れようである。

アゲハモドキもジャコウアゲハの姿をまねている虫である。ところが、このアゲハモドキは、ジャコウアゲハに似ているが、じつはチョウではなく、ガの仲間である。ガの仲間であるのにチョウの姿に擬態して、身を守っているのである。

さらに強い者を真似る

昆虫にとって、もっとも恐ろしい敵は鳥である。その鳥が恐れるものにヘビがいる。ヘビに姿を似せることはできないだろうか。

小さな昆虫がヘビに擬態することは、無理だと思うかも知れない。しかし、42ページで紹介したアゲハチョウの幼虫は、敵に襲われると首を上げて、ヘビの真似をしていた。大きな芋虫の多くは、体に目玉模様があってヘビに擬態している。

よく鳥よけに目玉模様の風船が用いられるが、これは、目玉模様が、ヘビや、タカやワシなどの鳥の天敵を連想させるからであると考えられている。

羽が大きく、姿を隠すことの難しいチョウの仲間には、目玉模様をあしらったものは多い。こうして、目玉模様で鳥を驚かせて身を守るのである。

ヨナグニサンというガの仲間は、目玉模様を発達させて、羽の先端がヘビの顔のようになって

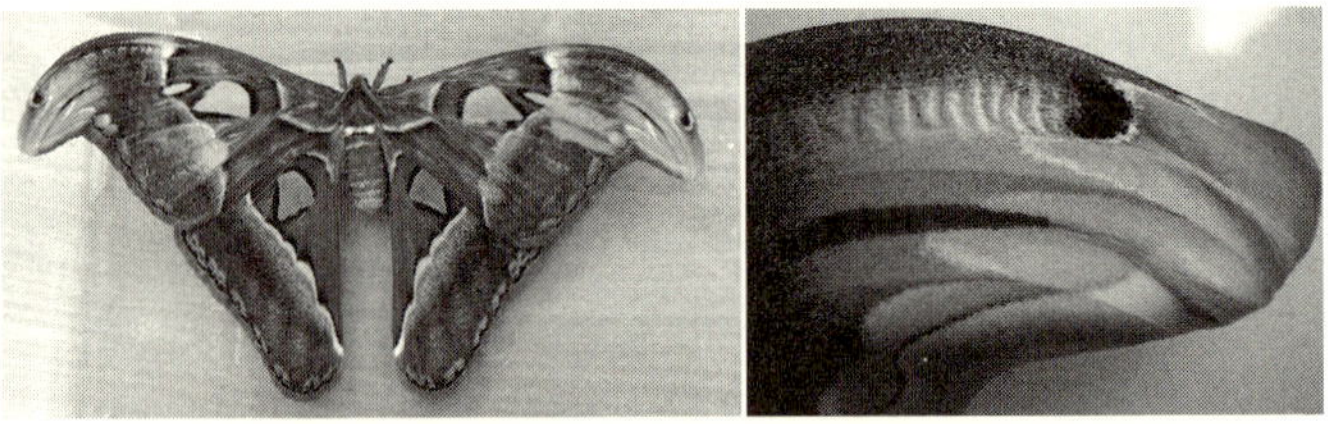

【図 19】 ヨナグニサンというガの仲間は、羽の先端をヘビの顔に擬態させ天敵である鳥から身を守っている。

いる。まさにガがヘビに擬態しているのである【図19】。

昆虫には目玉模様が多いのに、シマウマやシカのような草食動物には目玉模様は少ない。生物の模様は、すべて意味のある機能美である。シマウマやシカの天敵である肉食獣は、目玉模様を恐れない。そのため、目玉模様をつけることには、まったく意味がないのである。

アリにあやかりたい

強い者に擬態するというベーツ型擬態の中で、もっとも人気のあるモチーフは何だろうか。意外なことに、その答えはアリである。

小さな昆虫が、真似することのできるモチーフは限られている。ところがアリは、16ページで紹介したように体は小さいが、多くの生物が恐れる強い昆虫なのである。アリは蟻酸という強い酸性の攻撃物質をお尻から敵に噴射する。また、大きなアゴでかみついてくるし、ハチと同じように針を持っている種類も多い。アリはなかなかやっかいな昆虫なのだ。

カエルやトカゲなどの昆虫を捕食する小動物も、アリはあまり襲わない。ということは、小さな体の昆虫も、アリに姿を似せれば襲われにくいということなのだ。そのため、多くの昆虫がアリに擬態している。

アリモドキは、コガネムシの仲間だが、どう見てもアリにそっくりな姿である。

また、アリバチはアリに擬態したハチである。驚くことにハチもアリに擬態しているのである。

昆虫が恐れるはずのクモの中にも、アリに擬態しているものがいる。アリグモというクモは、あろうことかアリに姿を似せているのである【図20】。

【図20】　アリは多くの生物が恐れる存在。多くの昆虫がアリに擬態している。アリグモというクモもその一つだ。

しかし、アリとクモにはいくつか違いがある。昆虫であるアリは頭部、胸部、腹部と体が三つに分かれているのに対して、クモは頭胸部と腹部の二つしかない。しかし、アリグモは頭胸部にくびれがあって、アリと同じように頭部と胸部が分かれたようになっているのだ。さらにアリは六本足であるのに対して、クモは八本足である。この違いはどうしようもないようにも思えるがどうだろう。そこでアリグモは、前足の二本を高く持ち上げて、触角のように見せている。こうして八本足のアリグモは、六本の足と二本の触角をもつアリに姿を似せているのである。特に小さな幼虫のうちは、アリに似ているものが多い。

ナナフシは木の枝に姿を似せて、身を隠しているが、卵から産まれたばかりの小さな幼虫は、アリのような形をしていて行進して歩いている。

また、田んぼのイネの害虫であるホソヘリカメムシは、成虫は羽を広げるとハチのような模様があり、擬態で身を守っているが、小さな幼虫のうちはアリにそっくりである。

カマキリの一種であるコカマキリも、生まれたばかりの幼虫は、色も黒くアリにそっくりな姿をしている。カマキリといえど、幼虫のときには弱い存在である。そのため、アリに擬態して身を守っているのである。

用心棒を雇う戦略

アリはこんなに強い昆虫なので、アリを用心棒に雇う昆虫もいる。

植物の汁を吸って暮らすアブラムシは、何の武器も持たない弱い昆虫である。さまざまな昆虫がアブラムシをエサにしようと狙っている。そこでアブラムシは、お尻から甘い汁を出す。この汁でアリを誘うのである。アリにとってアブラムシの出す汁は魅力的なエサなので、アリはエサを守るためにアブラムシを狙う天敵の昆虫を追い払うのである。アブラムシは別名をアリマキという。アリマキは、漢字では「蟻牧」と書く。アリがアブラムシを飼っているように見えることからアリマキと呼ばれているが、実際にはアブラムシがアリを雇っているのである。

シジミチョウの仲間であるクロシジミの幼虫もアリを頼りにしている。クロシジミは体からアリの大好きな甘い蜜を分泌する。するとアリは、この幼虫を巣の中へ運び入れてしまうのである。クロシジミの幼虫はアリに蜜を与える代わりに、アリの巣の中で、アリにエサをもらい世話をしてもらう。そして、巣の中でさなぎになり、チョウになってアリの巣から出ていくのである。アリの巣の中にいれば、安全で、しかもエサに困ることはない。これもクロシジミがアリを見事に利用しているのである。

植物の中にも、アリを頼りにしているものは多い。

ふつう植物は花から蜜を出すが、葉の付け根の花外蜜腺と呼ばれるところから蜜を出すものもあるのだ。カラスノエンドウやアカメガシワ、サクラ、ソラマメなどは、花外蜜腺を持つ植物である。こうして蜜でアリを呼び寄せて、害虫から身を守ろうとしているのである。

「蟻んこ」とバカにすることなかれ、アリは本当は強い生き物なのである。

飼い犬の戦略

先述のアブラムシの例では、アリがアブラムシを飼っているように見えるが、実際にはアブラムシがアリを利用していた。

それでは私たち人間が飼っているペットや家畜はどうだろう。もしかすると人間が彼らを利用しているようでいて、その実は彼らが人間を利用しているということはないだろうか。

人に従順な飼い犬は、もともとオオカミの仲間を飼い馴らしたものである。オオカミは群れを作って行動する。リーダーや順位の上位の強いオオカミは、攻撃的である。しかし、順位の低いオオカミは、従順でおとなしい。そんな弱いオオカミが、現在の飼い犬の祖先なのである。

ところが、「人間がオオカミを飼い馴らした」という話には謎が多い。犬が人間と暮らすようになったのは、一万五〇〇〇年ほど前の旧石器時代のことであると推測されている。当時の人類にとって、肉食獣は恐るべき敵であった。そんな恐ろしい肉食獣を飼い馴らすという発想を当時の人類が持ち得たのだろうか。しかも犬を飼うということは、犬にエサをやらなければならない。わずかな食糧で暮らしていた人類に、犬を飼うほどの余裕があったのだろうか。また当時の人類は犬がいなくても、狩りをすることができた。犬を必要とする理由はなかったのである。

最近の研究では、人間が犬を必要としたのではなく、犬の方から人間を求めて寄り添ってきたと考えられている。犬の祖先となったとされる弱いオオカミたちは、群れの中での順位が低く、食べ物も十分ではない。そこで、人間に近づき、食べ残しをあさるようになったのではないかと考えられているのである。

弱いオオカミだけでは、狩りをすることができないが、人間の手助けをすることはできる。そして、やがて人間と犬とが共に狩りをするようになったと推察されている。こう考えると、当時、自然界の中で強い存在となりつつあった人間に寄り添うことは、犬にとって得なことが多かった。つまり、人間が犬を利用したのではなく、犬が人間を利用したかもしれないのである。

人間を利用した家畜

現在、人間が家畜として利用している動物の中には、自然界では弱い存在である生き物も少なくない。

ウマも犬と同じように群れを作る動物である。そのため、犬と同じように、コミュニケーションを取ったり、リーダーに従順に従う能力に長けている。その能力が家畜として適しているのである。

野生のウマは一夫多妻のハーレムを作る。つまり強いオスは、メスを独占することができる代わりに、弱いオスは子孫を残すことができないのである。しかし、人間に従って飼われていれば、弱いオスも子孫を残すことができる。弱いオスのウマにとって、人間は利用価値の高い存在なのだ。ウマは人間と暮らしていれば、肉食獣に襲われることは少ない。家畜になることは、身を守る上でも有効な手段なのである。

草食動物で家畜になったのは、ヤギやヒツジが最初である。ヤギやヒツジは、もともと山岳地帯に棲む動物であった。彼らはエサの豊富な平地を逃れて、天敵の肉食獣やライバルとなる草食動物の少ない山岳地帯に棲んでいたのである。つまりは、弱い動物だったのだ。

山岳地帯では、エサとなる草は少ない。人間に管理されれば十分なエサにありつくことができるヤギやヒツジにとって、人間の言うことを聞くことは得になることの方が多かったはずである。

家畜というと人間に一方的に利用されているイメージが強いが、弱い動物である彼らにとっては、強い人間に寄り添うことは立派な戦略だったのである。

まさかこんなにこき使われるとは思わなかっただろうが、今や世界中にどれだけの数の家畜がいるかを考えれば、分布を広げ、個体数を増やすという生物の目的から見て、彼らは間違いなく成功者であると言えるだろう。

あとがき

人間は「万物の霊長」と呼ばれる。つまり生物の中でもっとも優れているというのである。優れているかどうかはともかく私たちホモ・サピエンスは地球でもっとも成功した生物である。どうして、人間だけがこんなにも進化を遂げたのだろうか。

生物の進化を見てみよう。

四〇億年前に地球に誕生した生命。しかし、その進化は順調に進んできたわけではない。地球に生まれた生命には、何度も危機が訪れた。それが海洋全蒸発と全球凍結と呼ばれる地球規模の大異変である。

地球に生命が生まれたころ、直径数百キロという小惑星が地球に衝突した。そのエネルギーで海の水は、すべてが蒸発し、地表は気温四〇〇〇度の灼熱と化した。そして、地球に繁栄していた生命は滅んでしまったのである。このような海洋全蒸発は、一度ではなく、何度か起こったかも知れないと考えられている。

このときに生命をつないだのが、地中奥深くに追いやられていた原始的な生命であったと考えられている。

次に訪れた危機は、地球の表面全体が凍結してしまうような大氷河期である。地球の気温がマイナス五〇度にまで下がった全球凍結によって、地球上の生命の多くは滅びてしまった。しかし、今度は海深くに追いやられていた生命が生き延びたのである。

このように地球に危機が起きるたびに、命をつないだのは、繁栄していた生命ではなく、競争を逃れ僻地に追いやられていた生命だったのである。わずかに生き延びた生命は全球凍結の後に、大きな進化を遂げる。

全球凍結の地球では、ほとんどの生命は生存できない。二酸化炭素を吸収する生物もおらず、火山活動の中で二酸化炭素濃度が上昇していく。その後、全球凍結が終わると、高い濃度の二酸化炭素によって、植物性のバクテリアが大繁栄し、そして植物性のバクテリアが作り出した大量の酸素によって、動物性のバクテリアもまた繁栄を遂げるのである。

全球凍結が起こるたびに、それを乗り越えた生物は、繁栄し、さまざまな進化を遂げた。そして、五・五億年前の古生代カンブリア紀、生物の種類が爆発的に増加する。これが「カンブリア爆発」と呼ばれる出来事である。

カンブリア爆発によって、さまざまな生物が生まれると、そこには強い生き物や弱い生き物が現れた。そして、弱い生物は、強力な肉食生物に対抗するために、さまざまな進化を遂げたのである。

あるものは、三葉虫のように体のまわりを固い殻で囲って身を守った。しかし、体の小さな生き物は、いくら体を固くしても、大きな天敵にバリバリと食べられてしまう。そのため、体の小さな弱い生き物は、体の中に脊索と呼ばれる筋を発達させて、肉食生物から逃れるために早く泳ぐ方法を身につけた。これが魚類の祖先である。

しかし、脊索を発達させた魚類の中にも、強い種類が現れる。そうすると、弱い種類は、脊索を背骨に発達させて、背骨にミネラルを蓄えるように進化した。そして、海に棲む生き物が侵入できないような、ミネラル分の少ない汽水域の浅い海に逃れたのである。

しかし、汽水域も安泰ではなかった。やがて汽水域にも強い生き物が現れる。弱い生き物は、強い生き物から逃れるように、よりミネラル分の少ない川や湖など淡水域へと、生存場所を求めていった。

水が大量にある大海と異なり、小さな川や水たまりのような池は、雨が少なければ干上がってしまう。そんな過酷な環境を乗り越えていくうちに、生物は陸上生活へと進化を遂げて行った。生物の上陸は、両生類の祖先が、大志を抱いて挑戦したわけではない。弱い生物が逃れ逃れていくうちに、止むにやまれず、新天地へと追い立てられていったのである。

しかし、ミネラル分を骨に蓄えることで、生物の骨は強靱化し、陸上で巨大化することが可能となった。

巨大な恐竜が闊歩していた時代、人類の祖先はネズミのような小さな哺乳類であった。私たちの祖先は、恐竜の目を逃れるために、夜になって恐竜が寝静まると、エサを探しに動き回る夜行性の生活をしていたのである。常に恐竜の捕食の脅威にさらされていた小さな哺乳類は、脳を発達させて、敏速な運動能力を手に入れた。

そして、恐竜を逃れて、逃げ隠れしていた敏捷な哺乳類は、恐竜が絶滅するほどの地球環境の変動を乗り越えることができたのである。

樹上に生活の場を求めた哺乳類の一部は、サルへと進化を遂げた。

人類の進化は、未だに多くの謎を秘めている。しかし一説には、豊かな森の一部が乾燥し、草原となっていくなかで、身を隠すための森を失ったサルは、天敵を警戒するために二足歩行をするようになり、身を守るために道具や火を手にするようになったと言われている。そして人類は急速な発展を遂げていき、かくして弱者は「近代」を作っていくのである。

こうして生物の進化をたどってみると、私たちの祖先は常に危険にさらされる弱い存在であった。だからこそ「弱者の戦略」を発達させ、困難を乗り越えてきたのである。

後の創作とする説もあるが、進化論で有名なチャールズ・ダーウィンの言葉に次のようなものがある。

「最も強い者が生き残るのではなく、最も賢い者が生き延びるのでもない。唯一生き残るのは、変化できる者である」

人類の進化をたどれば、私たちは常に弱者であった。弱者は常にさまざまに工夫し、戦略的に生きることを求められる。そして、他の生物がいやがるような変化にこそ、弱者にチャンスが宿るのである。

我々の祖先は変化を受け入れ、困難を乗り越えながら進化を遂げてきた。私たちは、そんな「たくましき弱者」の子孫なのである。

苦難の道を乗り越え、今や人類は万物の霊長として地球に君臨している。

しかし、けっして驕ることがあってはならない。道具と火の力を借りて強さを誇っているものの、人類は自然界では弱い存在である。もし、丸腰のまま大自然の中に置き去りにされたとしたら、人間ほど弱い存在はないだろう。

西洋の諺にこんな一節がある。

「一番強い者は、自分の弱さを忘れない者だ」

私たちは弱い存在である。だからこそ、強く生きることができるのである。

本書で紹介した「弱者の戦略」が、強く生きるあなたの人生のヒントになればうれしい。

新潮選書

弱者《じゃくしゃ》の戦略《せんりゃく》

著　者………………稲垣栄洋《いながきひでひろ》

発　行………………2014年6月25日
10　刷………………2025年7月10日

発行者………………佐藤隆信
発行所………………株式会社新潮社
〒162-8711 東京都新宿区矢来町71
電話　編集部 03-3266-5611
　　　読者係 03-3266-5111
https://www.shinchosha.co.jp
印刷所………………株式会社三秀舎
製本所………………株式会社大進堂

乱丁・落丁本は、ご面倒ですが小社読者係宛お送り下さい。送料小社負担にてお取替えいたします。
価格はカバーに表示してあります。

ISBN978-4-10-603752-8 C0345